COMPTE-RENDU

DE L'EXPLOITATION

DE LA

FERME-ÉCOLE DE TRÉCESSON

(MORBIHAN)

Pour la Campagne de 1857,

Par J.-C. CRUSSARD, Directeur,

Président du Comice agricole de Ploërmel, Membre de la Chambre consultative et de la
Société d'Agriculture de l'arrondissement, Secrétaire de la Commission cantonale
de statistique, Membre correspondant de la Société impériale
et centrale d'Agriculture et de celle du
département d'Ille-et-Vilaine.

RENNES,

TYPOGRAPHIE OBERTHUR, RUE IMPÉRIALE, 8.

—

1858.

COMPTE-RENDU

DE L'EXPLOITATION

DE LA

FERME-ÉCOLE DE TRÉCESSON

(MORBIHAN)

Pour la Campagne de 1857,

Par J.-C. CRUSSARD, Directeur,

[illegible]

VANNES,

TYPOGRAPHIE [illegible]

1858.

COMPTE-RENDU

DE L'EXPLOITATION

DE LA FERME-ECOLE DE TRÉCESSON

Pendant l'année 1857.

EXPOSITION SOMMAIRE.

Parvenu à la fin de ma deuxième campagne agricole à Trécesson, je viens, conformément aux réglements, en présenter le tableau complet à l'administration et au public.

Si, en agriculture, les années se suivent, elles ne se res-
semblent pas toujours. Celle de 1857, moins bonne pour moi
que la précédente, quoique mes récoltes aient été généralement satisfaisantes, en fournit la preuve. C'est que l'énorme
baisse survenue sur le prix des denrées et sur celui du bétail,
est bien loin de trouver chez le cultivateur en général et chez

moi en particulier une suffisante compensation dans l'abon-dance des céréales.

A la vérité, les prix de toutes choses, lors de mon instal-lation au commencement de 1856 et de mon inventaire à la fin de la même année, étaient si élevés qu'il eût été déraisonnable de compter sur leur maintien. Si donc je parle de la réaction qui s'est produite, c'est moins pour m'en plaindre que pour montrer qu'elle devait m'atteindre à un plus haut degré que l'universalité des cultivateurs, sans que l'on pût pour cela en conclure une marche rétrograde de ma part.

En effet, débutant dans des circonstances extraordinaires, obligé de me pourvoir de tout aux cours les plus élevés, ne profitant, par conséquent, en aucune façon de la hausse existante, la réaction ne pouvait, comme elle l'a fait pour le plus grand nombre, me ramener simplement à mon point de départ.

Les comptes qu'elle frappe le plus chez moi sont ceux de mon bétail qui, m'ayant coûté fort cher, ne peut plus figurer aujourd'hui dans mon inventaire qu'avec une forte dépréciation. D'autres causes, que j'expliquerai en présentant le compte de chaque catégorie d'animaux, ont pu contribuer aussi à ce que cette branche importante de mon exploitation ne réalisât pas cette année tous les avantages que je pouvais en attendre. Mais elle m'a du moins procuré celui d'une notable augmentation d'engrais, en assurant ainsi pour l'avenir, autant que possible, la prospérité de mes récoltes.

Malgré l'avilissement du prix des principales denrées, celles que j'ai recueillies en 1857 soldent généralement par un bénéfice, faible, il est vrai, mais satisfaisant, eu égard aux circonstances. Un seul compte, celui du blé-noir, présente une perte qui, si l'on se rappelle ce que j'ai dit l'année dernière touchant cette culture, ne surprendra personne, du moins parmi les hommes habitués à approfondir les problèmes agricoles.

Outre les soins qu'ont exigés de ma part, pendant l'année 1857, ma culture et la direction de l'Ecole, j'ai dû m'occuper activement de compléter mon organisation, qui, seulement ébauchée sur quelques points, me laissait encore beaucoup à faire pour placer mon exploitation dans de bonnes conditions de roulement. La construction de ma porcherie a été achevée, ma vacherie complétée ; deux des principales étables, — celles des bœufs et des élèves bovins, — ont reçu de notables améliorations. Aujourd'hui, toutes ces parties de mon installation laissent fort peu à désirer. Mes animaux sont proprement et sainement logés. Aussi ai-je été assez heureux pour traverser l'année sans autres pertes que celles d'un bouvillon et de quelques porcelets, pertes sans importance et dues à des accidents divers.

Au résidu, outre l'intérêt à 5 0/0 dont l'exploitation a été chargée, mon fonds de roulement me donne, en 1857, environ 10 0/0 pour la rémunération de mon travail personnel et la compensation de mes frais particuliers de maison. La Ferme-Ecole contribue pour moitié à ce résultat, qui, dans des circonstances normales, ne serait pas satisfaisant ; dans celles que j'ai traversées, il ne pouvait guère être meilleur.

Tels sont, très-sommairement, les fruits de ma campagne de 1857, dont je vais présenter les détails de manière à ce que chaque article puisse être sainement apprécié. Je me bornerai, autant que possible, à la simple énonciation des faits, sans en dissimuler, sans en altérer aucun, et à la présentation de leurs résultats financiers, renvoyant, pour la discussion des principes qui peuvent s'y rattacher, à mon compte-rendu de l'an dernier, tout en me réservant cependant de compléter ici ce qui aurait besoin de l'être.

En soumettant cet écrit au public, j'accomplis un devoir imposé à mes fonctions. Parmi les personnes qui le liront, dans nos contrées retardataires, il s'en trouvera peut-être

quelques-unes qui, en défiance perpétuelle contre tout ce qui
s'écarte des pratiques et des usages locaux, seront peu disposées, cette année comme la précédente, à ajouter foi à mes
conclusions, et qui peut-être même inficieront la vérité des
faits avancés.

Sans avoir, le moins du monde, la prétention d'imposer à
qui que ce soit mes affirmations, je crois cependant, en ce
qui concerne l'exactitude de mes comptes, devoir faire ici une
déclaration qui ne pourra plus guère permettre le doute.

Mon compte-rendu, pour tout ce qui est chiffres, est le résumé d'une comptabilité régulière en parties doubles. Il est
fait d'abord pour l'administration, qui peut incessamment vé-
rifier cette comptabilité, dont le mécanisme est tel qu'aucune
dissimulation, aucune exagération, aucune fiction ne peuvent
s'y glisser sans que des yeux tant soit peu exercés ne les dé-
couvrent à l'instant. Je ne fais, du reste, aucune difficulté de
la communiquer à quiconque veut s'éclairer sérieusement.

Quel pourrait être, d'ailleurs, pour moi le but d'indications
inexactes, susceptibles d'être à tout moment démenties? Je
n'ai aucun profit particulier à en retirer, et à mon âge, on ne
court pas après une fausse gloire. Et puis, lorsqu'on travaille
au grand jour, il est difficile de se faire passer pour plus habile qu'on n'est réellement, surtout quand, comme je le fais,
on n'hésite pas plus à avouer ses revers, ses erreurs même
que ses succès.

Je n'ai d'ailleurs pas la prétention d'avoir inventé les pratiques agricoles que j'applique, et si, en général, elles produisent de meilleurs fruits que celles usitées dans ce pays-ci,
je n'en revendique nullement le mérite, que j'abandonne tout
entier aux excellents maîtres qui m'ont instruit et aux contrées plus avancées où j'ai fait mon apprentissage. Je ne suis
donc qu'un simple imitateur, en tout ce qui peut se concilier
avec les conditions dans lesquelles je me trouve.

C'est en vue d'exciter de telles imitations que les Fermes-Écoles sont invitées à publier des comptes-rendus pouvant servir d'enseignement aux cultivateurs disposés à s'inspirer d'exemples concluants ; mais leurs auteurs ne peuvent être considérés comme aspirant à régenter qui que ce soit, parce qu'encore une fois, ils accomplissent simplement un devoir.

Pour ce qui me concerne, je me fais une obligation rigoureuse d'indiquer avec exactitude et sincérité mes procédés, mes moyens d'action, les principes qui me dirigent, les fruits que je recueille. Mais libre à chacun de croire ou de ne pas croire, d'imiter ou de ne pas imiter. « Fais ce que dois, advienne que pourra ! »

Je sais, d'ailleurs, combien difficilement se transforment les pratiques agricoles. Vouloir subitement les réformer serait la plus irréalisable de toutes les utopies ; aussi je prie instamment mes lecteurs de vouloir bien ne pas me soupçonner d'un tel projet. S'il en est parmi eux qui aient foi au progrès, et qui soient disposés à faire quelques tentatives d'améliorations, je ne puis que les y encourager, en leur promettant le succès, mais aussi en les invitant à s'armer de persévérance, et à bien se pénétrer de cette vérité, que les bons résultats en agriculture ne s'improvisent pas, et qu'ils ne peuvent être que les fruits d'une patience soutenue, d'un travail intelligent et souvent de quelques sacrifices préalables.

Tels sont les principes que je m'attache à professer et à pratiquer. Fortifiés par une vieille expérience, ils ont encore pour eux l'approbation la plus complète de S. Exc. le Ministre de l'agriculture, de qui relève mon établissement comme institution professionnelle, et à qui j'ai dû soumettre l'exposition qui précède, ainsi que les chapitres qui vont suivre. Quoique cette approbation soit conçue en termes éminemment flatteurs pour moi, et que, par cela même, il m'en coûte de m'en faire personnellement l'éditeur, je n'hésite point cependant à lui donner une publicité qui peut tourner au profit du progrès agricole en déterminant des convictions jusqu'ici rebelles ou tout au moins flottantes. N'ayant pas d'autre but, je m'estimerai heureux si je réussis à l'atteindre.

Paris, le 12 juin 1858.

« Monsieur le Directeur ;

» J'ai reçu les trois documents financiers et administratifs de la Ferme-Ecole de Trécesson, que vous m'avez adressés pour l'exercice 1857, savoir :

» L'inventaire,

» La balance des comptes,

» Le compte-rendu de l'exploitation et de l'Ecole.

» J'ai fait examiner ces documents, qui relatent d'une manière parfaitement claire et précise les résultats que vous avez obtenus dans chacune des différentes branches de votre exploitation. Les éléments d'appréciation qu'ils contiennent montrent qu'en très-peu de temps, sous votre habile et intelligente direction, la Ferme-Ecole est entrée franchement et largement dans la voie des améliorations pratiques qui, dès à présent, assurent sa prospérité, et dont l'exemple doit puissamment aider aux progrès agricoles dans les localités environnantes.

» D'un autre côté, M. l'Inspecteur général de l'agriculture, de Sainte-Marie, dans son dernier rapport sur l'établissement de Trécesson, m'a fait l'éloge le plus complet des moyens employés pour le succès de l'exploitation, dont la marche est éclairée par une comptabilité tenue avec toute la perfection désirable.

» Il a signalé à mon attention l'écurie, les étables, la porcherie, qui sont établies dans les meilleures conditions et rem-
plies d'un nombreux bétail de choix, fournissant abondam-
ment l'engrais nécessaire au sol ; les cultures, comme étant
faites soigneusement ; les jardins très-bien entretenus ; les bâtiments de l'Ecole avantageusement disposés pour leur desti-
nation ; l'enseignement aussi complet que possible ; enfin,
l'ordre et la propreté existant partout.

» M. de Sainte-Marie s'est montré entièrement favorable à la
demande que vous m'avez adressée pour obtenir de mon mi-
nistère une souscription à votre compte-rendu de l'année 1857,
que vous destinez, comme celui de l'année précédente, à la
publicité. J'apprécie d'ailleurs à toute sa valeur le mérite de
ce remarquable et utile travail qui est de nature à intéresser
tous les cultivateurs, et je suis heureux de pouvoir, cette année, contribuer aux frais de son impression dans la proportion que vous m'avez indiquée. Je vous serai en conséquence
obligé de m'en envoyer cinq cents exemplaires, et dès qu'ils
me seront parvenus, je ferai ordonnancer à votre profit une
somme de 300 fr. pour cet objet.

» Je désire, M. le Directeur, que vous regardiez cette mesure
comme un témoignage particulier et exceptionnel de toute ma
satisfaction pour la continuité du dévoûment avec lequel vous
répondez aux vues de mon administration et les services que
vous rendez à notre agriculture.

» Recevez, Monsieur le Directeur, l'assurance de ma considération distinguée.

> *Le Ministre de l'Agriculture, du Commerce et des
Travaux publics,*

> **ROUHER.** »

1re DIVISION.

CULTURE.

Ainsi que je l'ai déclaré dans mon précédent compte-rendu, je n'ai point encore pu établir d'assolement régulier à Trécesson. Ce ne sera qu'à partir des semailles d'automne de cette année que je serai en mesure d'en adopter un approprié à la nature du sol, à mes ressources en engrais, aux débouchés, au climat, etc., toutes choses qui, en pareil cas, doivent être prises en sérieuse considération.

L'établissement d'une rotation rationnelle n'est pas toujours aussi facile à exécuter qu'à imaginer. Souvent entravé par les précédents, il oblige à des cultures transitoires qui éloignent la marche normale, ce qui, pour un simple fermier, n'est pas toujours sans inconvénient, ou bien il force à sauter à pieds joints sur certains principes culturaux d'où peut résulter momentanément une diminution dans les produits. D'une façon comme d'une autre, une innovation de ce genre subit presque toujours les conditions onéreuses de premier établissement. C'est là une loi commune à laquelle j'ai dû me soumettre, et c'est ainsi que, pour sortir d'un cercle vicieux, je me suis vu dans la nécessité de faire, en 1857, sur plusieurs points, céréales sur céréales dans un même champ, ce dont mes résultats ont dû forcément se ressentir. C'était prévu, et mieux valait s'y résigner tôt que tard.

On pourrait sans doute m'objecter qu'il était tout aussi facile d'arriver au même but, en remplaçant provisoirement la deuxième céréale par du blé-noir, par exemple, présentant une meilleure alternance. Mais, en agissant ainsi, j'aurais par trop réduit l'étendue de mes céréales qui, en définitive, m'ont donné du bénéfice, pour augmenter celle du sarrasin qui, dans mon opinion, ne peut occasionner que de la perte. Entre deux maux, j'ai choisi le moindre.

Il ne faut pas s'exagérer cependant les conséquences d'une telle innovation, qui n'est vraiment préjudiciable momentanément que dans une culture déjà en progrès et où le préjudice peut être bientôt réparé. Mais en présence de l'assolement biennal de nos contrées, la transition à un meilleur système, quel qu'il soit, ne peut au contraire que s'opérer avec des bénéfices immédiats, parce que ce triste et pauvre assolement a au moins cela de bon qu'il se prête, on ne peut mieux, à toutes les combinaisons d'améliorations.

Ayant indiqué dans mon précédent compte-rendu l'étendue de chacune de mes cultures pour 1857, je me bornerai à rappeler ici qu'elle est à peine en totalité de quarante hectares, y compris les jardins et la pépinière, et que les céréales avec le blé-noir n'occupent pas plus des cinq huitièmes de cette étendue, le surplus étant principalement consacré aux plantes fourragères artificielles accessoirement à trente hectares de prairies naturelles.

Tous mes labours sont faits avec la charrue simple sans avant-train — araire Dombasle. — C'est de toutes les charrues connues celle qui exige le moindre tirage, quand elle est bien confectionnée. Hormis pour les défoncements, elle est rarement attelée de plus de deux bœufs de taille et de force moyennes.

Je m'attache à donner le plus de profondeur possible au sillon, sans pourtant ramener à la surface une trop forte proportion du sous-sol. Pour éviter plus sûrement cet inconvénient, quand on n'a pas de fouilleuse, on peut faire passer dans la raie ouverte une deuxième charrue dont le versoir a été enlevé, et qui divise le fonds sans le mêler à la couche végétale.

Ces labours profonds exigent une plus forte fumure et assurent bien mieux le succès des récoltes en atténuant beaucoup le mauvais effet des sécheresses et en facilitant l'extension des racines.

Si je mentionne cette pratique usitée partout où la culture est bien entendue, c'est uniquement parce qu'elle est malheureusement trop peu répandue dans nos contrées où, par cela même, il est utile de la signaler et de la recommander comme une des premières conditions à remplir pour obtenir les meilleurs produits.

Je n'emploie guère d'autres aides dans ma culture que mes apprentis, si ce n'est pour quelques sarclages extraordinaires et pressants : encore cette exception a-t-elle rarement eu lieu en 1857. Mes élèves n'ont ni la force, ni l'expérience d'ouvriers faits, et trop souvent leur travail laisse à désirer, malgré la surveillance incessante qui les environne. Ce n'est pas là l'un des moindres désavantages inhérents aux Fermes-Écoles, auxquelles on n'en tient pas assez compte.

Les récoltes étant ordinairement proportionnelles aux fumures, j'applique aux miennes tous les engrais dont je puis disposer, non par quantités déterminées d'avance pour une rotation ou pour un certain nombre d'années, mais selon les besoins du sol, calculés d'après ses derniers produits, et selon les exigences de la culture qui doit suivre immédiatement. De deux champs de même composition, celui qui a le moins rendu, proportionnellement, est celui qui demande le plus d'engrais, et auquel j'en donne le plus. Voilà mon principe. Quant à sa formule, on la trouvera dans mon précédent compte-rendu. En continuant à opérer ainsi, il arrivera un jour où la fertilité de tous mes champs sera parvenue à un degré à peu près uniforme, ce qui permettra d'appliquer alors des fumures régulières à une rotation régulière.

PREMIÈRE SECTION.

CÉRÉALES.

§ 1er. — Froment.

Celui que je cultive est le froment rouge ordinaire du pays, mélangé de barbu et de non barbu, atteignant le poids de 78 à 80 kilogrammes à l'hectolitre et d'un assez bon rendement : c'est la variété d'automne.

J'ai semé, en octobre 1856, deux hectolitres, qualité sans barbe, que j'avais tirés de la presqu'île de Rhuys, où cette espèce est assez productive. Saisi par la sécheresse estivale de 1857, ce grain a mûri beaucoup trop vite, s'est racorni et a moins rendu que celui de ce canton, quoique ses épis fussent beaucoup plus beaux.

J'ai, en même temps, essayé dans un carré du jardin neuf, d'environ 6 ares, la culture en lignes de sept variétés différentes, principalement anglaises, dont le produit, équivalant à 25 hectolitres à l'hectare, aurait été beaucoup plus abondant, s'il n'eût considérablement souffert de la verse. Ce produit a été largement suffisant pour me permettre de répéter cet essai un peu plus en grand, en cultivant de la même manière, pour 1858, une pièce de 1 hectare 5 ares, qui se montre très-belle.

En général, mes froments ont payé le tribut commun aux intempéries qui se sont déclarées pendant la campagne. Toutefois, soit qu'ils aient été protégés par des labours plus profonds, soit que la situation des lieux leur ait été plus favorable, ils ont généralement moins souffert que ceux du reste du canton.

Ma culture de ce grain a embrassé 6 hectares 50 ares, mesure cadastrale; mais, en déduisant les fossés et les cruères, cette étendue se réduit à 6 hectares au plus, dont il faut déduire encore une parcelle de 50 ares tellement envahie par les mauvaises herbes favorisées par une fumure fraîche, que j'ai dû remplacer le froment qu'elle portait par une orge de printemps. Je n'ai donc pas récolté en réalité plus de 5 hectares 50 ares de blé.

Sur cette quantité, 2 hectares 40 ares, — en deux pièces, — ont été semés, par le motif que j'ai indiqué plus haut, après une récolte d'avoine, condition très-défavorable sous tous les rapports. Pour corriger autant que possible l'épuisement causé par l'avoine, j'ai accompagné cette semaille de quelques engrais artificiels dont l'effet est apprécié au chapitre qui leur est consacré plus loin.

Mon rendement s'est élevé à 106 hectolitres de bon blé et 4 hectolitres 50 litres de menus grains résultant du nettoyage, soit à peu près 20 hectolitres par hectare, produit satisfaisant pour ce canton, où il n'a pas dépassé 18 hectolitres 25 litres en moyenne (1).

Voici le compte de mon froment :

---

(1) Ce rendement, constaté par la commission de statistique dont j'ai l'honneur d'être le secrétaire, me paraît exagéré. Il est dû au chiffre élevé de 22 hectolitres, accusé par l'une des six communes du canton. Dans les cinq autres, et notamment dans celle de Campénéac, à laquelle appartient Trécesson, il n'est que de 16 hectolitres et au-dessous. Ce dernier chiffre, déjà bien élevé comparativement au rendement des années précédentes, me paraît beaucoup plus près de la vérité.

PRODUITS :

106 hectolitres de grain nettoyé et 4 hectolitres 50 de menus
grains estimés ensemble . . . . 1,742f »
15,000 kilog. de paille à 20 fr. les 1,000 kilog. . . . 300 »

2,042f »

DÉPENSES.

Travail des hommes et des attelages pour labour, hersage, moisson, battage, etc. . . .	342f 55	
12 hectolitres 60 de semence.	327 75	
Chaulage des semences.	6 90	
13 hectolitres d'engrais breton.	85 »	
770 kilog. de guano et sel commun mélangés.	215 60	
Moitié d'un compost de chaux, l'autre moitié à la charge du trèfle semé sur une partie du froment.	45 »	1,715 68
Aliquote du fumier absorbé par la récolte : 89 m. c. 50 à 4 fr. l'un, déduction faite de l'azote fourni par l'engrais artificiel.	358 »	
Loyer.	220 »	
Une part proportionnelle dans les frais généraux et le dépérissement du matériel	114 88	

BÉNÉFICE 326f 32

Dans ces conditions, le froment, après avoir déduit du
montant des dépenses la valeur de la paille et celle des menus
grains (311 fr. pour les deux), me revient à 13 fr. 25 l'hectolitre.

Mais je n'ai chargé ce compte de rien pour mon travail
personnel.

D'un autre côté, on verra plus loin, au chapitre des engrais et à celui qui traite spécialement du prix de revient des principales denrées alimentaires à Trécesson, qu'elles doivent être déchargées du fumier qui figure à leur débit, puisqu'en réalité ce fumier ne me coûte rien, son prix se trouvant compensé et au-delà par les bénéfices résultant de la culture des fourrages qui l'ont produit.

Il suit de là que ce compte, comme ceux qui viendront plus loin, ne doivent être regardés que comme provisoires, ou comme des comptes d'ordre, susceptibles de modifications qui feront ci-après l'objet d'un article spécial où, considérant les denrées destinées à la vente et à la consommation de mon double ménage, comme formant le but principal de mon exploitation, je déduirai leur prix coûtant vrai des résultats de la liquidation de tous les comptes qui, directement ou indirectement, concourent à leur production.

Mon froment après avoine était aussi beau, mais non aussi propre, et a rendu tout autant que s'il eût été cultivé d'une manière plus rationnelle, ce qui ne peut être attribué qu'au guano et à l'engrais breton que je lui ai appliqués. Mais la valeur du produit, évidemment due à cette fumure artificielle, n'a-t-elle pas été absorbée, sinon en totalité, du moins en grande partie, par la dépense des engrais supplémentaires? C'est ce que l'on verra au chapitre que je consacre à ces derniers. Quoi qu'il en soit, on remarque déjà que cette dépense s'élève au cas particulier à 300 fr. 60 c., et que je l'aurais entièrement évitée en employant du fumier de mes étables, si j'avais pu en produire assez, puisque je suis arrivé au point de l'obtenir sans qu'il me coûte rien, ce qui sera clairement démontré plus loin.

Voilà donc une première cause de l'infériorité de mes résultats pour 1857, cause qui se reproduit sur deux autres points.

D'un autre côté, mon froment se trouve grevé en pure perte de labours, semences, etc., pour 50 ares qui ont été retournés et remplacés par de l'orge.

— Enfin, des semences qui m'ont coûté 327 fr. 75, ou 26 fr. l'hectolitre, ne me rentrent qu'avec près de 10 fr. de perte par hectolitre, ce qui occasionne un déficit de 120 fr.

D'où il suit que ces trois circonstances, heureusement accidentelles, me causent à elles seules un préjudice d'environ 50 fr. par hectare, ce qui est énorme.

J'ai porté en dépense une somme de 6 fr. 90 pour le chaulage des semences. Je crois devoir dire ici quelques mots sur cette pratique, qui, à tort, est très-peu suivie dans ce canton, ce qui fait qu'on y rencontre beaucoup trop souvent du blé carié.

Mon procédé, aussi simple qu'efficace, est très-peu coûteux, puisqu'il ne dépasse pas 50 c. par hectolitre. Il consiste uniquement à piler et à faire dissoudre un kilogramme de sulfate de cuivre (vitriol bleu) dans 50 litres d'eau, en augmentant la dose de vitriol et d'eau, mais toujours dans la même proportion, si la quantité de semences l'exige. Lorsque le liquide est ainsi préparé dans un cuvier de capacité convenable, on y plonge 50 litres de froment placé dans un panier auquel on donne ici le nom de cage, et on le laisse immergé pendant une heure. On le retire ensuite et on le place sur deux bâtons au-dessus du cuvier, dans lequel il s'égoutte pendant qu'un autre panier de même contenance trempe à son tour, et ainsi de suite jusqu'à ce que toute la semence soit sulfatée. Lorsque le grain est suffisamment égoutté, on l'étend sur une aire pour le sécher, après quoi il peut être semé sans autre préparation.

Depuis plus de vingt-cinq ans j'emploie ce procédé, et jamais je n'ai eu un seul grain carié. J'ai essayé plusieurs autres recettes, même celle à laquelle Mathieu de Dombasle a donné son nom. La plupart sont également bonnes; mais celles qui se basent sur l'emploi de la chaux vive ne sont pas sans inconvénient pour le semeur. On reproche au vitriol bleu, qui est une substance toxique, de n'être pas non plus sans

2

danger. J'ignore si, en pareil cas, il a jamais occasionné le moindre accident. Ce qui est certain, c'est que j'ai vu des poules manger des grains sulfatés et n'en éprouver aucun mal.

§ 2. — Méteil et Seigle.

Le méteil n'est pas cultivé dans mon canton et il l'est très-peu, je crois, dans le reste du département, où il pourrait, en bien des localités, remplacer le seigle avantageusement. C'est un mélange qui compte beaucoup de détracteurs parmi les écrivains agricoles, ce qui ne l'empêche pas d'occuper fructueusement une certaine partie du sol arable de la France.

Sans doute, lorsque la terre est en état de produire un bon froment, ce serait un pauvre calcul de lui demander du méteil, à moins que la récolte précédente n'y obligeât. Après des pommes de terre, par exemple, il réussira presque toujours mieux qu'un froment pur.

Mais lorsque le sol est de qualité moyenne, comme c'est le cas le plus général dans nos contrées, lorsqu'il est plus propre au seigle qu'au blé, il n'est pas douteux qu'au moyen d'une culture convenable le méteil n'y donne un meilleur rendement que chacune des deux céréales dont il se compose, cultivées séparément. C'est, du reste, ce qui résulte presque toujours de l'association de plusieurs plantes différentes, lorsqu'elles ne sont pas antipathiques et qu'elles parcourent à peu près les mêmes phases de végétation. Le blé-noir et le mil, la cameline et la moutarde, etc., etc., en fournissent la preuve. Les prairies naturelles, formées d'un grand nombre de graminées différentes, témoignent également de cette vérité que la physiologie végétale explique jusqu'à un certain point et sur laquelle je ne crois pas devoir insister davantage.

On reproche cependant avec justice au méteil d'être composé de deux espèces de céréales qui ne concordent point, ni pour l'époque des semailles, ni pour celle de la maturité du grain. Mais cet inconvénient est plus fictif que réel, puisqu'il n'empêche pas les résultats d'être satisfaisants. On peut d'ailleurs le réduire sensiblement, en prenant une époque moyenne pour la semaille et en coupant le froment un peu sur le vert, ce qui ne nuit nullement à sa qualité ni à sa quantité. Un jour viendra peut-être où l'on trouvera une variété de froment qui s'accordera mieux avec le seigle que celle dont on fait usage pour le mélange dont il s'agit. Le blé de Noé paraît devoir remplir cette condition. J'en fais, cette année, une dizaine d'ares pour essai. Cette variété est d'ailleurs très-productive et de bonne qualité.

Mon méteil de 1857 a été aussi beau et aussi bon que je pouvais l'espérer, à cela près qu'une pièce a passablement souffert de la verse. Mais un accident fortuit en a sensiblement réduit la quantité au battage. Faute de locaux suffisants pour abriter toutes mes récoltes, j'ai dû faire en plein air, bout à bout, un gerbier de méteil et un d'avoine, qui ont tous les deux fortement souffert d'un coup de vent et des pluies qui les ont pénétrés. J'évalue à un cinquième environ de la récolte la perte résultant de cette avarie, qui aurait pu être plus considérable si les gerbiers n'eussent été faits avec beaucoup de soin. Cet accident, je l'espère, ne se renouvellera plus, M. le baron Roger de Sivry, propriétaire de Trécesson, consentant, entr'autres améliorations qu'il veut bien prendre à sa charge, à me faire un hangar qui préservera dorénavant mes gerbes d'un sinistre pareil.

Ma culture de méteil a occupé, en 1857, une étendue cadastrale de 6 hectares, et celle de seigle une autre de 50 ares seulement. En réalité, la surface totale, fossés et cruères déduits, n'est pas de plus de 6 hectares pour les deux.

J'ai réuni les comptes de ces deux grains, parce que, lors de la moisson, quelques gerbes de seigle ont été mêlées au méteil par inadvertance, et que le seigle pur a trop peu d'importance ici pour fausser les appréciations relatives au mélange.

J'ai recueilli
85 hectolitres de méteil additionnés d'un petit sup-
plément de seigle, estimés 1,213ᶠ 50
6 hectolitres de seigle pur . . . . 84 »
46,000 kilog. de paille à 20 fr. les 1,000 kilog. 320 »
                                                    ⎯⎯⎯⎯⎯⎯⎯
                                                    1,617ᶠ 50

Le rendement moyen, défalcation faite de l'avarie
qui le réduit d'au moins 3 hectolitres par hectare,
est donc encore de 15 hectolitres pour le méteil.
C'est moins que pour le froment; mais aussi les
terres qui l'ont produit étaient en bien moins bon état.

Mes dépenses sont :

12 hectolitres 26 litres de semences . . 248ᶠ »
Travail des hommes et des attelages . . 297 10
Fermage . . . . 260 »
7 hectol. d'engrais breton et 210 kilog.
d'un mélange de guano et de sel 107 80
Fumier consommé : 85 m. c. 50, déduc-
tion faite de l'azote fourni par l'engrais
artificiel . . . . 342 »
Frais généraux et dépérissement du
matériel 86 16

} 1,341 06

BÉNÉFICE 276ᶠ 44

Ce bénéfice, presque égal, malgré l'avarie, à celui donné
par le froment, prouve que je n'aurais rien gagné à substituer
celui-ci au méteil, et vraisemblablement une culture de seigle
pur eût été moins avantageuse encore.

Le méteil, et le seigle surtout, ont été prisés au battage moins
qu'ils ne valaient alors; mais plus qu'ils ne valent aujour-
d'hui. Toutefois, comme une partie a été livrée au ménage
avant la baisse et passée en consommation au cours de cette
époque, et par conséquent à un taux un peu supérieur à l'estimation, la dépréciation survenue depuis se trouve compensée

pour ce qui reste, et il n'y a pas lieu d'opérer une rectification au compte qui précède. Ce qui prouve, d'ailleurs, que l'évaluation de mes récoltes est irréprochable, c'est que mon compte de denrées en magasin solde lui-même sans perte, bien que celles qui existaient au dernier inventaire n'y fussent portées que pour leur valeur réelle au 31 décembre 1857.

Toutes les causes qui ont amoindri mon résultat pour le froment se reproduisent aussi, à peu de chose près, à la charge du méteil. Si l'on veut bien en faire état, on trouvera que ce dernier compte se balance encore d'une manière satisfaisante.

§ 3. — Orge.

L'orge n'est guère plus cultivée dans ce canton que le méteil. Cependant, les essais faits jusqu'ici prouvent qu'elle pourrait y être fort avantageuse. Ce grain pourrait très-bien remplacer le sarrasin, sinon en totalité, du moins en bonne partie, si surtout on l'associait au trèfle, car il n'est pas douteux qu'un assolement qui comprendrait un quart en blé-noir, un quart en orge, un quart en trèfle et un quart en froment, ne donnât, avec le fourrage en bénéfice, au moins autant de grain que la rotation biennale du pays, tout en exigeant moins de travail.

L'orge que j'ai semée en 1857 est la variété de printemps à laquelle on donne ici le nom de *paumelle*. Celle d'hiver passe pour être plus productive que la première et pour être aussi profitable, comme produit net, que le froment. Elle réussit beaucoup mieux que ce dernier et que le méteil ou le seigle, après des pommes de terre récoltées de bonne heure. J'en ai 1 hectare 40 centiares pour 1858, semés dans cette condition. Elle se montre fort belle. Cette variété a cependant le défaut d'être moins hivernale que la plupart des autres céréales; mais, dans une contrée où la température n'est jamais bien rigoureuse, elle ne risque pas beaucoup. En cas d'accident, elle peut d'ailleurs être remplacée par de l'orge de printemps sans grand préjudice.

Je n'ai cultivé, l'année dernière, que 1 hectare de cette dernière, dont 50 ares après un froment manqué, comme je l'ai déjà dit, et 50 ares après un blé-noir. Semée trop tard, elle ne m'a pas rendu tout ce que j'en espérais.

Son produit, qui a été de 18 hectolitres dans d'autres communes du canton, ne s'est élevé chez moi qu'à 14 hectolitres 50 litres estimés.. 145f »
1,800 kilog. de paille à 20 fr. les 1,000 kilog.... 36 »
                                                                          ─────
                                                                          181f »

J'ai dépensé :
Pour travail des hommes et des attelages. 31f 65
— 2 hectolitres de semence............. 20
— fermage............................... 40
— aliquote de l'engrais consommé   } 139 43
10 m. c. 15............................ 40 60
— frais généraux et dépérissement du
    matériel............................ 7 18
                                                              ─────
                                        BÉNÉFICE.   41f 57

Ce bénéfice est à peu près le même, proportionnellement à l'étendue de la culture, que celui donné par le méteil et le froment. Il eût été certainement plus élevé si mon orge eût été faite dans de meilleures conditions. Celle qui a remplacé le froment manqué a été accompagnée d'une semaille de trèfle qui a très-bien réussi. L'orge est, en général, la plante qui protège le mieux cette légumineuse. On pourrait en dire autant du blé-noir, si ce dernier pouvait être semé plus tôt, ou si l'on n'avait à craindre, lorsqu'on le sème, des sécheresses estivales qui s'opposent à la germination du trèfle, ou qui le font périr, danger beaucoup moindre lorsqu'il est associé à l'orge des le mois de mars. Si, au contraire, l'été est humide, le

blé-noir prend un grand développement foliacé, verse quelquefois, et le trèfle est étouffé.

L'orge n'entre pas dans la consommation alimentaire du
pays, bien que, mêlée au froment et au seigle en proportion
convenable, elle donne un bon pain de ménage. Mais, comme
les brasseries du département en absorbent de grandes quantités, elle trouverait là un bon débouché. Dût-on d'ailleurs la
consacrer entièrement à la nourriture du bétail en la substi-
tuant au blé-noir et même à l'avoine, elle rendrait d'importants services.

§ 4. — Avoine.

Cette céréale a occupé chez moi, en 1857, une étendue cadastrale de 6 hectares, dont le produit a été :

131 hectolitres 80 litres de grain, estimé 7 fr. l'hectolitre.	922f 60
12,000 kilog. de paille à 20 fr. les 1,000 kilog. . .	240 »
	1,162f 60

La dépense a été de :

Pour 16 hectolitres 75 litres de semences 127f »		
— travail des hommes et des attelages, 295 05		
— fermage. 230 »	}	1,052 67
— aliquote de l'engrais : 84 m. c. . . . 336 »		
— frais généraux et dépérissement du matériel 64 62		
Bénéfice		109f 93

Ce résultat, comparé à celui de 1856, présente une différence en moins assez forte, et qui a d'autant plus besoin d'être
expliquée, que la récolte de 1857 a été généralement meilleure
que la précédente et que le prix de l'avoine a très-peu baissé.

En 1856, mon rendement moyen était de 30 hectolitres à
l'hectare. L'année suivante, en tenant compte de l'avarie sur-

venue dans le gerbier, évaluée à 30 hectolitres ou 5 hectolitres
par hectare, il n'est plus que de 27 hectolitres à peine. Cela
vient en grande partie : 1° de ce que 2 hectares 40 ares, en
vue de l'assolement à établir, ont été semés, partie après une
première avoine, partie après un froment, et n'ont pu recevoir
d'engrais ; 2° de ce que 2 hectares 50 ares ont été cultivés dans
le moins bon des domaines de Trécesson (la Haie-Rouault),
dont la terre sableuse très légère repose à une faible profondeur, sur un sous-sol de roche schisteuse, où les sécheresses
se font promptement sentir d'une façon préjudiciable. Ce domaine sera dorénavant consacré à une culture permanente de
topinambours qui y donneront sans doute de meilleurs résultats que les céréales.

C'est à ces diverses causes principalement que ma récolte
d'avoine doit de n'avoir pas été plus considérable en 1857. Dans
une culture normale, je ne doute pas qu'elle ne dépasse moyen-
nement 30 hectolitres par hectare, chaque année, ce qui est
d'autant plus à espérer que ce chiffre est celui d'une année ré-
putée mauvaise (1856); et que mes fumures s'accroissant continuellement, mes récoltes ne peuvent pas diminuer. Un pareil
rendement assurerait à cette culture un bénéfice satisfaisant.

5. — Sarrasin (Blé-noir).

Quoique je m'efforce de restreindre le plus possible la culture de ce grain par les motifs que j'ai donnés dans mon
compte-rendu de 1856, j'ai dû en faire encore sept hectares
l'année dernière, au lieu de quatre que j'avais annoncé l'intention de semer.

Cette culture m'a coûté :

Pour 3 hectolitres 18 litres de semences 34 80
Travail des hommes et des attelages .... 451 »
1000 kilog. de phosphate naturel acidifié ... 132 »

A reporter 617 80

Report......................... 617 80

Pour 20 hectolitres de charrée........... 40 »
— fermage............................. 260 »
et. aliquote du fumier : 37 m. c. 50, à 4 fr... 150 »
— frais généraux et dépérissement du matériel... 74 80

—————
1,139 60

PRODUITS.

74 hectolitres 50 litres de grain à 9 fr.
l'hectolitre................ 670 50 ⎫
                                    ⎬ 730 50
6,000 kilog. de paille à 10 fr. les ⎪
1,000 kilog................ 60 » ⎭

—————
PERTE............... 409 10

On ne saurait attribuer l'énormité de cette perte uniquement à la faiblesse du rendement, puisqu'elle se trouve à peu
près compensée par l'élévation du prix de la denrée. En effet,
si l'année eût été meilleure, si le produit eût généralement
atteint 15 à 16 hectolitres à l'hectare, au lieu de 10 à 11, il
est plus que probable que la valeur du grain serait tombée à
6 fr. l'hectolitre, et eût subi la même dépréciation que le froment et le seigle. Il n'est pas besoin d'une grande abondance
pour amener l'avilissement des prix. Ainsi, les facteurs se-
raient changés, mais le résultat serait le même.

La perte vient donc particulièrement de ce que la culture
du blé-noir ne peut, par elle-même, rémunérer celui qui s'y
livre. C'est un fait que je ne cesserai de proclamer, en l'étayant
de preuves mathématiques, parce que j'ai l'intime conviction
que c'est à lui principalement que l'agriculture bretonne doit
de récolter assez pour vivre, et à cet égard ses besoins compte
sa pauvreté.

Je m'attends sur ce point à rencontrer de nombreux dissi-
dents, surtout parmi les propriétaires exploitant par métayers.
Ce système, en effet, eu égard à la valeur actuelle du sol, ne
doit point leur paraître désavantageux, en ce sens que la moitié

du produit, quoique faible, recueilli par eux, sans aucun frais, constitue presque toujours un revenu satisfaisant et plus élevé que ne le serait un fermage en argent, ce mode de location ne réussissant pas ici, faute de fermiers aisés. Mais alors que reste-t-il au malheureux métayer qui, pour vivre et se couvrir de deux ou trois labours, de ses semences, de son engrais, de ses frais de moisson et de battage, de l'usure de son matériel, etc., etc., récolte pour sa part, bon an mal an, 7 à 8 hectolitres de blé-noir d'une valeur moyenne de 50 fr. environ ?

Je sais bien que l'on considère généralement la culture du blé-noir comme une préparation à celle du froment ou du seigle, ou, si l'on veut, comme une jachère vive, moins onéreuse qu'une jachère morte. Mais ce n'est pas là un argument décisif, parce qu'il faudrait préalablement établir que cette préparation ne peut pas être remplacée par un meilleur système. S'il en était ainsi, la condition du petit cultivateur, qui est le plus nombreux dans ces contrées, serait à jamais misérable, puisqu'il est constant que, dans l'état actuel des choses, son travail n'est pas rémunéré. Cependant il persévère dans ce mode de culture, et il vit. Comment cela est-il possible ? La question vaut la peine d'être étudiée. Il n'y a qu'une seule explication à donner sur ce point. C'est que le cultivateur ne prisant pas son travail, tout ce qu'il en retire est considéré par lui comme profit net, et que ce qui le préoccupe le moins, c'est le taux de la rémunération. Il ne regarde comme dépense que ce qui est déboursé en numéraire ; mais il compte pour rien le dépérissement de ses animaux, l'usure de son matériel, etc. L'essentiel pour lui, le principal, sinon son unique but, c'est de récolter assez pour vivre, et à cet égard ses besoins comme ses désirs étant fort modérés, il est facile à satisfaire. On en peut juger par le compte que voici.

Que l'on suppose un métayer cultivant 6 hectares de blé-noir, 5 de seigle et 1 de froment. Des fermes de cette importance sont nombreuses dans ce pays, et beaucoup même sont plus petites. Il récoltera en moyenne, par an, pour sa part :

36 hectolitres de blé-noir, à	7 fr.		252 fr.
30 — de seigle, à	10 fr.		300
5 — de froment, à	16 fr.		80

TOTAL . . . . 632 fr.

A déduire, pour petite ferme 100

RESTE. . . . . 532 fr.

avec quoi cinq personnes au moins devront vivre, se vêtir, s'entretenir de toutes choses nécessaires à la culture, ce qui assurera à chacune d'elles 30 cent. par jour, outre les faibles ressources qu'elles trouvent dans une ou deux vaches, un porc et un petit jardin, le plus souvent utilisé pour produire le chanvre et le lin nécessaires au ménage.

Vienne un sinistre tel qu'une grêle, une sécheresse, la perte d'un animal, une maladie, la misère ne tarde pas à frapper à la porte.

Voilà comment il se fait qu'en Bretagne il y a des cantons dont les deux cinquièmes de la population vivent, sans mendier, avec moins de 25 cent. par tête et par jour, deux autres cinquièmes avec moins de 50 cent., et le surplus avec 50 cent. et au-dessus (1).

Tel est le sort de la plus grande partie des petits cultivateurs de blé-noir. Un tel état de choses mérite sans doute d'être signalé et d'attirer l'attention de l'administration et celle de quiconque a mission de travailler au développement des améliorations agricoles.

---

(1) Ces faits résultent de la statistique établie avec le plus grand soin en 1852 pour le canton de Pipriac (Ille-et-Vilaine), dans lequel est située ma propriété de l'Ermitage ; statistique que la Société impériale et centrale d'agriculture a jugé digne d'une médaille d'or. Et le canton de Pipriac n'est pas le plus mauvais de la Bretagne.

J'ai dit dans mon précédent compte-rendu la seule raison qui puisse justifier la culture du blé-noir pour le petit fermier. C'est qu'entrant en notable proportion dans son alimentation, il est aussi précieux pour lui, sous ce rapport, que le seigle et même que le froment, auxquels il ne le cède en rien quant à sa valeur nutritive. Qu'il en cultive donc dans la mesure de ses besoins, rien de mieux; mais qu'il n'en fasse pas un objet de spéculation, puisqu'il n'y peut trouver que de la perte, ou, ce qui revient au même, qu'une rémunération insuffisante.

Comme préparation à la culture du froment et du seigle, celle du blé-noir n'est pas indispensable. Ce qui le prouve, c'est qu'il est exclu de toutes les contrées un peu avancées et qu'il ne se rencontre que dans les pays pauvres, et pauvres bien certainement parce qu'ils pivotent sur le blé-noir.

Une jachère cultivée ne mérite la préférence sur une autre que lorsqu'elle peut payer par ses produits les dépenses qu'elle occasionne. Sous ce rapport, il n'est pas un seul fourrage artificiel qui ne l'emporte de beaucoup sur le blé-noir, et s'il est une vérité incontestable, c'est que là où le trèfle peut réussir — et il peut réussir dans la plus grande partie de nos terres — il constitue pour le froment un bien meilleur précédent que le sarrasin, et qu'il a sur ce dernier, qui ne peut que procurer de la perte, le grand mérite de donner directement par lui-même un bénéfice raisonnable, indépendamment de l'amélioration qu'il produit dans le sol par ses détritus et de l'engrais qu'il fournit. Malheureusement ces avantages-là, quoique bien réels, ne frappent pas le cultivateur, qui ne les voit pas se traduire immédiatement et directement en argent comptant, et à l'esprit duquel ils échappent dans les diverses transformations préalables qu'ils ont à subir. C'est là ce qui s'opposera long-temps encore à leur réalisation sur une grande échelle.

J'ai vu cultiver du blé-noir après une orge d'hiver laissant le sol libre au commencement de juin. C'est ainsi deux ré-

coltes en un an. Dans ce cas, le sarrasin grevé d'un seul labour et de la moitié seulement du loyer supporte de bien
moindres charges. Mais une pareille combinaison n'est-elle
pas bien épuisante? Sans doute on peut remédier avec du fumier, lorsqu'on en a assez, ce qui ne se voit pas souvent
dans ce pays. Ce que l'on ne peut guère empêcher toutefois,
c'est que le sol ne se salisse beaucoup, au grand préjudice
de la céréale qui vient en troisième récolte. Je serais donc peu
disposé à adopter personnellement un pareil système, qui ne
présenterait plus les mêmes inconvénients si le blé-noir semé
sur une bonne fumure était enfoui en vert au lieu d'être
laissé pour graine. C'est ce que je compte faire, cette année
même, après mon orge d'hiver.

J'ai vu aussi, chez mon confrère de la Charmoise (Loir-et-
Cher), il y a une dizaine d'années, une culture de mil et de
sarrasin en mélange donner de bons produits, faciles à sépa-
rer. Mais il faut pour cela de bonnes terres, car le mil est exigeant. J'ai fait un essai semblable à l'Ermitage, sur un défrichement qui avait déjà fourni deux récoltes sans autre engrais
que du noir animal. Le blé-noir est bien venu, mais le mil
n'a rien rendu. Je répète cette expérience cette année, sur
deux hectares de vieille terre en meilleur état et où une bonne
fumure doit assurer son succès.

2ᵉ SECTION.

CULTURES INDUSTRIELLES.

Colza.

Je n'ouvre ce chapitre que pour mémoire, car toute ma culture industrielle de 1857 s'est bornée à un essai de 10 ares de colza repiqué un peu tard, à l'automne de 1856, et qui a assez bien réussi, quoique je n'aie guère récolté que la semence nécessaire pour faire cette année 1 hectare 20 ares de cette plante.

Notre sol, où tous les choux viennent très-bien, est éminemment favorable au colza, qui n'est lui-même qu'une variété de choux. Mais, cultivé pour sa graine, il a fort à souffrir des déprédations commises par les oiseaux, déprédations d'autant plus sensibles que l'étendue des plantations est plus restreinte. C'est par une cause semblable, et peut-être aussi parce que je l'ai trop laissé mûrir, que mon essai de 1857 ne m'a pas rendu tout ce que j'aurais pu récolter.

Ce petit échec ne m'a pas découragé, parce que je pense qu'en faisant la part du feu et en prenant des précautions pour sauver le reste, on peut encore obtenir de bons résultats.

Mais ce n'est pas seulement lorsque le colza entre en maturité qu'il est attaqué par certains oiseaux. Il l'est surtout, d'une manière déplorable, dans cette localité, par des bandes de pigeons ramiers qui, en hiver, s'abattent sur les plantations dont ils dévorent toutes les feuilles et ne laissent que la tige. Mes 120 ares, qui étaient très-beaux en décembre

1857, présentaient un aspect désolant à la fin de janvier suivant. Je ne crois pas, cependant, que la récolte en éprouve un grand préjudice, car le cœur de la plante n'a pas souffert, et l'on voit que de nouvelles feuilles commencent à pousser (1).

J'ai fait attaquer cet ennemi à coups de fusil ; ses bandes ont été même fortement décimées ; mais je n'ai pu le forcer à la retraite qu'en plaçant dans le champ, et à demeure, des mannequins à forme humaine : il s'est alors rabattu sur une pièce de choux.

La meilleure méthode de culture pour le colza, c'est la transplantation en octobre ou même dès la fin de septembre ; c'est aussi la plus coûteuse ; mais elle a sur le semis en place l'avantage de permettre des binages et des sarclages qui font de cette culture une bonne préparation pour le froment.

---

(1) Depuis que cet article est écrit, le temps a marché et mon colza s'est parfaitement rétabli. Il présente aujourd'hui, 15 juin, une apparence qui semble promettre au moins 25 hectolitres à l'hectare.

Je ne saurais trop appeler l'attention des cultivateurs du Morbihan sur cette intéressante culture, d'un succès certainement infaillible dans la plus grande partie de nos terres. Je viens d'en acquérir la preuve en parcourant le département de la Loire-Inférieure, comme membre de la commission instituée par S. Exc. le Ministre de l'Agriculture, pour visiter les propriétés concourant dans ce département pour la grande prime d'honneur qui y sera décernée en 1859. J'ai vu, sur plusieurs points, des landes tout ordinaires, tout récemment défrichées, couvertes de fort beaux colzas semés à la volée après un simple écobuage. J'ai vu la même plante, cultivée très-en grand, mais avec plus de soin, sur de vieilles terres où elle promet de magnifiques produits. Mais il ne faut pas espérer de pareils résultats sans fumier. Il ne faut pas surtout introduire le colza dans nos cultures sans y introduire parallèlement et conjointement le trèfle, les racines, etc. En opérant ainsi, la réussite est assurée, car de nombreux exemples en font foi. Mais on peut au début s'aider très-efficacement de bons engrais artificiels. C'est même ainsi que, dans la Loire-Inférieure, les cultivateurs de colza, déjà nombreux, même parmi les simples métayers, ont commencé.

3ᵉ SECTION.

PLANTES FOURRAGÈRES.

La Ferme-École possède 30 hectares de prés naturels qui, jusqu'à son établissement en 1849, ont constitué la seule ressource fourragère des trois métairies dont elle se compose. 30 hectares de prés pour 40 hectares de terre labourable, c'est déjà une belle proportion, qui ne se rencontre pas souvent dans le pays. Mais alors ces prés n'avaient pas la qualité qu'en partie ils ont acquise depuis par le drainage et l'irrigation, et leur produit était bien inférieur à ce qu'il est aujourd'hui, bien qu'il soit encore éloigné du point auquel j'espère le faire monter en achevant les améliorations que demande cette partie de la propriété.

Parfaitement d'accord en cela avec mon prédécesseur, je ne crois pas que cette production fourragère soit suffisante pour faire produire au sol arable tout ce que l'on peut raisonnablement lui demander. C'est cette conviction qui m'a déterminé à continuer et à développer ici la culture du trèfle, des choux, de l'ajonc; à y introduire celle du topinambour, concurremment avec d'autres racines, et à faire en outre, chaque année, des fourrages hâtifs qui tous me permettent d'entretenir un bétail plus nombreux, et contribuent, par conséquent, à une grande augmentation de mes engrais, condition essentielle de l'accroissement du produit des céréales.

Quelques-uns de ces fourrages offrent en même temps l'avantage d'alterner convenablement avec les grains, et de faciliter le nettoyage du sol.

Somme toute, avec une moindre étendue de céréales, j'obtiens autant de grains que la plupart de mes voisins, qui proportionnellement font moins de fourrages, et j'ai de plus qu'eux, le bénéfice résultant de la transformation de ces derniers en produits animaux et en engrais.

De plus, 20 hectolitres de froment, récoltés sur 1 seul hectare, coûtant infiniment moins cher que quand ils le sont sur 2 hectares par exemple, ce qui est prouvé par le tableau ci-après, il arrive que le fourrage, suffisamment abondant, présente l'avantage de faire solder en bénéfice la culture des céréales, qui ne peut se balancer qu'en perte lorsqu'elle repose sur des fumures insuffisantes.

Ces considérations sont d'un si haut intérêt qu'au risque de me répéter, je ne dois pas m'abstenir de les faire valoir, d'autant plus que, mon système d'exploitation s'écartant beaucoup de celui pratiqué dans le pays, il y a pour moi, directeur de Ferme-Ecole, obligation de le justifier et de démontrer sa supériorité. L'utilité de cette démonstration serait difficilement comprise partout où la culture repose sur des principes analogues, et où l'on aurait peine à concevoir qu'ils pussent encore être contestés dans plusieurs de nos départements; aussi n'est-ce point aux convertis que je m'adresse, — et il y en a déjà beaucoup dans notre Morbihan, parmi les propriétaires éclairés qui l'habitent, — mais seulement à ceux qui, jusqu'ici, ont nié la lumière malgré son évidence. Peut-être finira-t-elle par percer.

Comparaison du prix coûtant de 20 hectolitres de froment PRODUITS PAR			
Un hectare.		**Deux hectares.**	
2 hectol. de semence à 20 fr.	40ᶠ	4 hectol. de semence à 20 fr.	80ᶠ
Travail....................	60	Travail....................	120
Loyer	50	Loyer....................	100
Aliquote de l'engrais.........	80	Aliquote de l'engrais.........	80
Frais généraux.............	20	Frais généraux.............	20
	250ᶠ		400ᶠ
Soit 12 fr. 50 l'hectolitre.		Soit 20 fr. l'hectolitre.	

On peut changer la valeur de tout ou partie des termes de la comparaison, sans que la différence subisse une grande altération.

Il suit de là que de deux cultivateurs faisant chacun une récolte égale de céréales, l'un peut se ruiner et l'autre s'enrichir, selon que cette récolte est le produit d'une plus ou moins grande étendue, c'est-à-dire selon que les fumures sont plus ou moins concentrées, ce qui est à peu près la même chose, au moins à qualité égale de sol. On ne peut obtenir de fortes fumures économiques qu'en produisant beaucoup de fourrages; voilà pourquoi je considère mes 30 hectares de prés comme insuffisants, proportionnellement à l'étendue de mes terres arables.

§ 1er. — Prés naturels.

Je donne à ma prairie tous les soins qu'elle réclame, en assainissant successivement ses parties humides et en établissant chaque année de nouvelles irrigations. En cela je poursuis un double but, celui d'augmenter mes produits en instruisant mes apprentis. Malheureusement cette tâche est si lourde que plusieurs années encore me seront nécessaires pour la mener à bonne fin.

Sur les 30 hectares de prés dont les deux tiers ne forment qu'un seul tenant, il a été rompu en 1857 une pièce détachée d'un hectare qui était épuisée. Une avoine y a été semée; mais n'ayant pas réussi, elle a été, à temps utile, remplacée par des choux, dont je parlerai plus loin. Dans quelques années, après plusieurs cultures successives et convenablement fumées, ce pré sera rétabli et vraisemblablement il deviendra de bonne qualité.

La récolte de foin, sur les 29 hectares restant, quoique bonne en 1857 et meilleure qu'en 1856, n'a cependant pas rendu tout ce que j'en attendais. Ce qui lui a le plus nui, ce sont les gelées printannières après un hiver trop doux. L'herbe

déjà avancée alors, mais encore tendre, n'a pu résister entièrement à l'intensité du froid.

Cette récolte totale a été de :

85,000 kilog. de foin sec, estimés...........	2,975f	»
2,100 kilog. d'herbe verte.................	21	»
	2,996	»

Et les dépenses de :

Loyer...........................	1,885f »	
Frais généraux et dépérissement du matériel...................	143 60	
Amortissement du drainage et de l'ir-rigation......................	29 »	2,393 60
Travail des hommes et des attelages, déduction faite de 47 fr. 95 applicables à la prochaine récolte et rapportés à nouveau......................	336 »	
BÉNÉFICE..............		602f 40

Ce bénéfice, comme tous ceux qui ressortiront de mes
autres comptes de fourrages, peut n'être considéré que comme
fictif, quoiqu'au fond il soit bien réel.

En effet, mon foin n'étant pas destiné à être vendu, mais
bien seulement à nourrir mon bétail, sa production ne doit
être regardée que comme l'un des moyens d'arriver au but
principal de l'exploitation, savoir : créer au meilleur marché
possible des produits pour la vente.

Conséquemment, les moyens mis en œuvre, quels qu'ils
soient, pour atteindre ce but, ne devraient entrer en compte
que pour ce qu'ils coûtent seulement, et ne produire dès lors,
au lieu d'un bénéfice comme celui qui ressort de mon compte
de prés, qu'une plus ou moins grande économie dans la dépense pour la création du produit final.

Si, par exemple, au lieu de donner à mon foin, au crédit de
la prairie, une valeur de 35 fr. les 1,000 kilogrammes, et si, au
lieu d'en débiter mes animaux à un taux plus ou moins voisin
du cours, je le leur passais en consommation seulement pour ce

qu'il me coûte, il est évident que le compte de ma prairie se balancerait sans bénéfice, et qu'en même temps la dépense de mon bétail serait proportionnellement moindre, ce qui ferait ressortir à un plus bas prix le coût de mon fumier, et partant, celui de mes denrées alimentaires.

Par conséquent, le bénéfice, que ne présenteraient plus mes comptes de fourrages, ressortirait à ceux des principales denrées alimentaires. Un tel mode de comptabilité pourrait suffire au cultivateur qui ne sent pas le besoin de s'éclairer sur toutes les questions économiques que peut soulever son exploitation.

Mais comme, dans une institution agricole surtout, les exigences de la comptabilité veulent qu'il soit donné à chaque chose une valeur aussi juste que possible ; il en résulte pour le gérant la nécessité d'ouvrir des *comptes d'ordre* dans lesquels cette valeur est exprimée, et qui se balanceront toujours par un bénéfice ou une perte ; fictifs si l'on veut, mais qui, étant la conséquence d'évaluations trop fortes ou trop faibles, n'auront pas moins pour effet final de grever ou d'améliorer le prix de revient des produits principaux auxquels tous les comptes d'ordre doivent se rapporter en dernière analyse.

C'est ce que je rendrai plus sensible dans la suite de cet écrit en opérant, pour les personnes peu familiarisées avec le mécanisme de la comptabilité, des rapprochements qui résumeront tous mes comptes et en montreront le résultat final tel qu'il est réellement,

Je reviens à ma prairie.

Son foin, comme on l'a vu tout-à-l'heure, n'a été estimé à la récolte qu'à 35 fr. les 1,000 kilogrammes, quoiqu'alors il valût en réalité 40 à 45 fr. Mais il est préférable, en pareil cas, de rester un peu en deçà de la vérité, pour ne pas se créer des valeurs ni des charges chimériques. Jusqu'au 31 décembre 1857, mes animaux ont été débités du même foin sur le pied de 40 fr. Cette marge de 5 fr. par 1,000 kilogrammes n'est pas trop forte pour couvrir les frais de bottelage et le déchet.

Le produit moyen de mes 29 hectares n'est que de 2,930 kilogrammes pour chacun, ce qui n'est pas satisfaisant pour des prairies en partie drainées et irriguées. Cependant, si mes supputations ne sont point erronées, je crois pouvoir évaluer au moins à 3,500 kilogrammes par hectare le produit des parties améliorées, tandis que celui des autres parties ne me paraît pas dépasser beaucoup 2,000 kilogrammes. N'ayant pas de bascule assez forte pour faire à cet égard des constatations précises, je suis forcé de m'en tenir à des évaluations qui, jusqu'à ce jour, m'ont peu trompé, mais qui cependant n'ont pas l'exactitude de la balance.

§ 2. — Trèfle.

J'ai semé, en 1857, 3 hectares 50 ares de trèfle sur froment et orge, mais je n'en ai guère que 2 hectares 50 ares qui aient bien réussi. Le reste a été remplacé par des choux, de la vesce, du feu grec, du lupin jaune, etc.

Le trèfle qui a été fauché datait de l'année précédente. Il a produit sur 3 hectares :

48,920 kilog. de fourrage vert, à 10 fr. les 1,000 kilog.	489f 20
149 kilog. de graine, à 1 fr.	149 »
Le trèfle semé en 1857 pour l'année suivante est estimé.	120 »
	758f 20

DÉPENSES :

Valeur du trèfle cédé par la culture de 1856.	60f »	
Chaux, plâtre, etc.	62 »	
Semences	132 25	451f 55
Fermage.	112 »	
Travail des hommes et des attelages.	49 40	
Frais généraux et dépérissement du matériel.	35 90	
BÉNÉFICE.	306f 65	

Je ne répéterai pas ce que j'ai dit précédemment sur l'importance des services que le trèfle pourrait rendre à nos contrées. Sans doute un jour la lumière se fera sur ce point. C'est du moins ce que nous devons espérer de tous les efforts qui convergent vers ce but.

Malheureusement, le trèfle ne peut revenir sans inconvénient trop souvent à la même place, mais c'est un danger qui n'est pas encore à craindre parmi nous, et jusqu'à ce qu'il n'y occupe un cinquième ou un sixième de l'assolement, ce qui serait bien suffisant pour régénérer notre culture, chacun aura le temps de s'édifier sur ses exigences.

Il faut dire cependant que le trèfle ne réussit bien ici qu'à la condition d'être chaulé, et que, malheureusement aussi, la chaux ne nous parvient ni facilement ni à bon marché.

Il arrive encore que cette légumineuse souffre quelquefois des intempéries et spécialement des sécheresses qui se produisent au printemps et qui maltraitent surtout les terres trop légèrement labourées. Le mal, dans ce cas, n'est pas sans remède. Deux fois j'en ai été atteint, quoique je ne néglige rien pour m'en garantir, et cela n'a pas empêché, comme on vient de le voir, le compte de mes trèfles de solder par un beau bénéfice. Si, au lieu de trèfle, j'avais semé du blé-noir, non seulement je n'aurais pas obtenu ce résultat, mais vraisemblablement j'aurais trouvé à sa place une perte de 200 fr., ce qui eût amoindri mon inventaire de plus de 500 fr., déficit énorme pour 3 hectares seulement. Ajoutons à cela que ma terre eût été beaucoup moins fertile après le blé-noir qu'après le trèfle.

Lorsque ce dernier manque, ce qui, heureusement, n'est qu'accidentel et assez rare, ce qu'il y a de mieux à faire c'est de le remplacer, le plus tôt possible, par un autre fourrage. A cet égard, on n'a que l'embarras du choix ; car il en est un grand nombre dont la réussite est certaine dans notre sol. Mais, quel que soit celui qu'on préfère, il ne faut pas s'attendre à en obtenir les mêmes avantages que ceux qu'on eût retiré d'un trèfle bien réussi.

§ 3. — Choux.

J'avais, au commencement de 1857, un hectare de choux plantés au mois de juin précédent et effeuillés en automne. Ce qui restait pour le printemps a produit 28,965 kilog. de fourrage, estimés 289ᶠ 65

Deux autres pièces d'ensemble 1 hectare 60 ares, plantés en 1857 et effeuillés une première fois pendant l'automne de la même année, ont produit 7,540 kilog., estimés.............................. 75 40

J'ai vendu 9,000 plants pour............................ 18 »

La plantation restant pour le printemps de 1858 est estimée... 200 »

TOTAL des produits............ 583ᶠ 05

DÉPENSES :

Travail des hommes et des attelages	95ᶠ 75	
Guano sur le semis en pépinière......	4 »	
Fermage..............................	80 »	
Consommation du fumier : 64 m. c. 75 à 4 fr..................................	259 »	542 07
Frais généraux et dépérissement du matériel..............................	28 72	
Valeur des choux repris de l'inventaire de 1856..............................	74 60	

BÉNÉFICE........... 40ᶠ 98

Ce bénéfice est un peu moins élevé que celui produit par la même culture en 1856; mais alors ce compte n'était chargé d'aucune fraction des frais généraux qui avaient été passés directement par profits et pertes, tandis que, cette année, non seulement la culture, mais encore le bétail, la Ferme-Ecole, le ménage même, supportent chacun une part de ces frais. Du reste, il faut le reconnaître, si les choux rendent de grands services dans l'alimentation des animaux, ils ne sont pourtant pas aussi avantageux que le trèfle ni que l'ajonc, qui peuvent très-bien les remplacer. Les choux ont, en outre, le double inconvénient de consommer par eux-mêmes beaucoup d'engrais, qu'ils restituent, il est vrai, et de mal s'intercaler dans les rotations. Mais, comme en définitive ils procurent une nourriture abondante, de bonne qualité, qui ne constitue pas en perte, il est de bonne économie, dans toute exploitation agricole, d'en cultiver un peu, ne fût-ce que pour varier les aliments, ce qui est fort utile dans l'intérêt de la santé et de la prospérité du bétail.

Indépendamment des deux pièces mentionnées plus haut, comme plantées en juin 1857, j'en ai fait en automne une plus petite (50 ares) en remplacement d'une parcelle de trèfle manqué. Elle était destinée à donner ses produits dans le courant de cet été; mais les plants ayant monté et fleuri au printemps, il a fallu les couper. Leur produit n'a pas été considérable. Ces choux ont été remplacés par un semis de sorgho.

Le choux que j'ai cultivé jusqu'ici est le choux branchu ordinaire qu'on est dans l'usage de planter en juin et qui occupe le sol jusqu'en mai suivant. Mon intention est d'en faire incessamment qu'on puisse récolter avant l'hiver, de manière à permettre encore des semailles d'automne, ou tout au moins de premier printemps, ce qui contrariera moins l'assolement. Toutefois, il est bon d'en avoir de plusieurs saisons.

§ 4. — Ajoncs.

En 1857, je n'ai fait consommer de l'ajonc que pendant les quatre premiers mois de l'année. Cette consommation s'est élevée à :

36,727 kilog. 500 gr. à 20 fr. (1) les 1,000 kilog 734f 55

L'ajonc resté pour la consommation du printemps

de 1858 figure à l'inventaire pour . . . .   200 »

ce qui est bien au-dessous de sa valeur.

934f 55

DÉPENSES :

Ajoncs repris de l'inventaire de 1856. 250f »

Travail des hommes et des attelages . . 177 15

Fermage . . . . 75 »   538 05

Frais généraux et dépérissement du

matériel 35 90

BÉNÉFICE 396f 50

bénéfice bien séduisant, si l'on considère qu'il est acquis, sinon

---

(1) Dans mon compte-rendu de 1856, deux erreurs de rédaction ont été commises dans le compte de l'ajonc, la première en donnant aux quantités consommées la valeur de kilogrammes, tandis qu'il ne s'agissait que de demi-kilogrammes; la seconde en estimant à 10 fr. les 1,000 kilos, tandis que ce prix ne devait s'entendre que du *millier* ou 500 kilos.

Cette double erreur ne portant que sur la dénomination du poids, est sans aucune influence sur le résultat du compte, qui reste le même.

Seulement, les conséquences économiques à en déduire doivent être modifiées en ce sens que ce n'est pas 4 kilogrammes d'ajoncs, mais seulement 2 qui sont nécessaires pour remplacer 1 kilogramme de foin, ce qui se rapproche beaucoup plus de l'analyse chimique.

En réalité, des bœufs de taille moyenne, qui étaient précédemment rationnés à 15 kilogrammes de foin, n'ont reçu, à Trecesson, pendant près de quatre mois, que 5 kilogrammes de foin avec 20 kilogrammes d'ajoncs, et se sont maintenus en bon état.

M. de Lorgeril, qui le premier a préconisé l'ajonc, évaluait sa valeur nutritive à 3 kilogrammes pour 1 de foin. Je crois donc qu'en prenant un moyen terme entre ce chiffre et le mien, on pourvoira amplement aux besoins de l'alimentation.

Il ne faut pas perdre de vue d'ailleurs que l'ajonc est d'autant plus nourrissant qu'il est plus jeune et moins boisé.

sans peine, du moins à bien peu de frais et, ce qui est surtout précieux, sans dépense d'engrais.

§ 5. — Fourrages annuels.

Ma campagne de 1856 m'a laissé, pour le commencement de celle de 1857, 1 hectare 75 ares de fourrages annuels, dont 74 ares en trèfle incarnat, qui n'a pas réussi, mais sur lequel j'avais, dès l'automne, jeté de la pill pour le remplacer, et dont j'ai tiré une assez bonne coupe. J'avais, en outre, 1 hectare de ray-grass d'Italie.

Tous ces fourrages, qui n'exigent que peu de travail, offrent une précieuse ressource pour le printemps ; aussi chaque année mon exploitation en comprend-elle quelques pièces. J'en ai fait trois pour cette année, d'ensemble 3 hectares, et l'une d'elles, ayant été semée de bonne heure, a pu déjà donner une petite coupe à la fin de 1857. Cette pièce est un mélange de criblures et de pill (ivraie commune) ; les deux autres consistent en avoine et en orge d'hiver.

Voici le compte de cette culture.

Elle a produit :

61,275 kil. de fourrage vert, à 10 fr. les 1,000 kil.	612f 75
22 kil. 500 de graine de ray-grass, à 1 fr....	22 50
Valeur estimative des trois pièces à l'inventaire de 1857	220 »
	855f 25

CHARGES :

Le ray-grass a été repris de l'inventaire de 1856 pour...................	96 05	
Le fourrage annuel pour	75 80	
Le même compte comprend des semences de sorgho qui n'ont pas levé et qui ont coûté......................	9 25	
A reporter........	181 10	855 25

Report......	181f 10	855 25
Semences pour fourrages à couper en 1858.............................	37 50	
Travail.............................	56 05	
Fermage.............................	115 »	791 91
Aliquote de l'engrais : 88 m. c.......	352 »	
Frais généraux et dépérissement du matériel.............................	50 26	
BÉNÉFICE............		63f 34

Ce bénéfice n'est pas considérable ; mais il faut remarquer qu'il se trouve amoindri par l'insuccès du sorgho et du trèfle incarnat. J'attends mieux de l'année prochaine. Mais, dût ce bénéfice ne pas s'élever, je n'en persisterai pas moins dans cette culture, qui présente le grand avantage de fournir des masses de fourrages verts fort utiles au printemps, et dont le prix, en définitive, n'a pas dépassé pour 1857 9 fr. les 1,000 kilogrammes, ce qui, certainement, n'est point onéreux.

§ 6. — Racines.

J'ai très-peu fait de racines en 1857. Ma culture en ce genre s'est bornée à 1 hectare 60 ares de pommes de terre, 1 hectare de topinambours et 25 ares de carottes blanches à collet vert. J'avais projeté une pièce de rutabagas que je n'ai point faite, mon semis pour la transplantation ayant été deux fois dévoré par les pucerons. Mes carottes ont également manqué par suite de la sécheresse. Elles me laissent une perte de 57 fr. 25, et les rutabagas une autre de 56 fr. 20. Cette dernière somme comprend le coût du semis dont je viens de parler et solde le compte des rutabagas de 1855, qui n'avait pas été balancé au précédent inventaire, la récolte n'étant pas faite alors. Cet insuccès, quoique peu encourageant, ne m'empêche pas d'entreprendre de nouveau cette année la culture des mêmes racines, auxquelles j'ajoute environ 50 ares de betteraves. Aujourd'hui 15 juin 1858, mes carottes (50 ares) sont fort belles.

Il est possible, et telle a toujours été mon opinion personnelle, que les racines en général, sauf le topinambour, exigeant beaucoup d'engrais et de travail, ne donnent point, par elles-mêmes, un bénéfice considérable, même lorsqu'elles réussissent passablement. Mais ne couvrissent-elles que les frais qu'elles occasionnent, leur culture comme jachère serait préférable sous tous les rapports à celle du blé-noir.

Pommes de terre.

Quoique j'aie placé la pomme de terre dans la catégorie des plantes fourragères, la vérité est qu'elle entre beaucoup plus dans la consommation de mon double ménage que dans celle du bétail.

J'en ai récolté, en 1857, 176 hectolitres 40 litres, soit un peu plus de 110 hectolitres à l'hectare.

Ce produit a été estimé.. .... 710f »

Dont il faut déduire :

Pour 58 hectol. 75 litres de semences. 294f »	
Travail des hommes et des attelages.. 135 30	
Fermage. .... 64 »	
Consommation d'engrais : 35 m. c. 30	677 58
à 4 fr. 141 20	
Frais généraux et dépérissement du	
matériel. 43 08	

BÉNÉFICE........ 32f 42

Cette culture n'a pas été très-heureuse ici, où elle n'a reproduit la semence que trois fois. Diverses causes ont contribué à ce pauvre résultat. La sécheresse est la principale. Mais j'ai eu là chance de n'avoir que très-peu de tubercules malades. Cela vient-il de ce que je n'en ai planté que de précoces, en très-grande partie du moins, et dont la récolte était terminée à la fin d'août ? J'incline d'autant plus à le penser que l'année dernière déjà cette même espèce n'a point été atteinte.

On peut être étonné de la grande quantité de semences que j'ai employées pour une aussi faible étendue. Cela tient au mode de culture que j'ai appliqué en 1857, et qui, comme je l'ai dit dans mon précédent compte-rendu, consiste à planter la pomme de terre à 33 centimètres en tous sens. J'ai expliqué les avantages de ce procédé qui, à mon avis, mérite la préférence lorsque la main-d'œuvre ne manque pas. Je ne doute pas un seul instant que si la plantation eût été plus espacée et par conséquent la semence moins abondante, ma récolte n'eût été plus faible et n'eût davantage souffert de la sécheresse contre laquelle elle a été protégée pendant quelque temps par une plus grande quantité de tiges passablement touffues. Mais la sécheresse persistant, ces tiges se sont flétries avant l'entier développement du tubercule, et l'évaporation a suivi son cours plus lentement toutefois et avec beaucoup moins de préjudice que sur d'autres points, où cette culture n'a pas produit plus de 60 à 80 hectolitres à l'hectare.

On pourrait croire que les pommes de terre ainsi rapprochées se nuisent réciproquement dans leur végétation. Si cela est vrai dans de certaines limites et pour de certaines plantes, je ne pense pas que ce le soit au cas particulier, car l'expérience de toutes les contrées où ce tubercule est cultivé en grand avec succès témoigne en faveur du mode que j'ai suivi.

La faiblesse de mon rendement tient sans doute aussi à ce que la pomme de terre hâtive est généralement moins productive que la tardive, à laquelle je la préfère pour pouvoir débarrasser le sol plus tôt. En 1857, les sept huitièmes de ma culture en ce genre ne l'ont occupé que pendant cinq mois et

demi, ce qui m'a permis de la faire suivre d'une orge d'hiver
semée à bonne époque et qui, comme je l'ai déjà dit, se montre fort belle. La pomme de terre d'automne, au contraire, ne
permet qu'un seigle tardif ou qu'une céréale de printemps, ce
qui n'est pas aussi avantageux.

Les pommes de terre noires que j'ai essayées (compte-
rendu de 1856, p. 80), se sont multipliées avec beaucoup plus
d'abondance, et ont rendu sur le pied de 200 hectolitres à
l'hectare. Pas une seule n'a été malade. Mon but est de propa-
ger cette excellente variété pour la nourriture de mes animaux.
Malheureusement elle n'arrive guère à maturité que vers la
fin d'octobre.

Topinambours.

Cette culture n'a porté, l'année dernière, que sur un peu
moins de 1 hectare, mesure cadastrale. Fossés et cruères déduits, elle a été à peine de 85 ares.

En 1856, je n'en avais que 25 ares. Le compte que je vais
présenter embrassera les deux années, attendu que la plantation de 1856 n'a été, en grande partie, récoltée qu'en 1857, et
que son compte n'a pas été réglé par mon précédent inventaire,
dans lequel il figure simplement à nouveau pour son solde.

PRODUITS :

10 hectolitres de tubercules vendus au commen-
cement de 1857, à 6 fr. l'un . . . .   60 »

9 hectolitres de tubercules consommés, à 3 fr. .   27 »
non compris les semences pour 1857 dont il n'a
été fait aucune écriture ni au débit, ni au crédit du
compte, les deux années étant confondues.

15 ares de la plantation de 1857 ont été arrachés
vers la fin de l'année et ont produit 58 hectolitres

A reporter. . . . .   87 »

Report.	87	»
50 litres passés en consommation à raison de 2 fr. l'un (1)	117	»
Ce qui restait en terre au 31 décembre 1857 a été estimé (2)	200	»
TOTAL DES PRODUITS	404ᶠ	»

(1) Si l'on n'estime la valeur nutritive du topinambour qu'à raison de son azote, on trouvera qu'il en faudrait 375 kilogrammes environ pour remplacer 100 kilogrammes de foin. Mais le topinambour contient aussi une forte proportion de sucre, qui est une matière alibile de bonne qualité, lorsqu'elle se trouve en proportion convenable dans les aliments. Et c'est sans doute cette circonstance qui fait que, d'après M. Boussaingault, 280 kilogrammes de topinambours suffisent pour remplacer un quintal métrique de foin. Si donc ce dernier vaut 6 fr., ou 30 fr. le millier (500 kilogrammes), comme c'est le cas aujourd'hui, l'hectolitre de topinambours ne vaudrait que 1 fr. 65. Mais, comme cette plante a des qualités que le foin ne possède pas, celles, par exemple, de fournir en hiver une nourriture fraîche plus favorable à la lactation, et d'entrer dans l'alimentation d'animaux tels que les porcs, qui ne mangent pas de foin, on doit tenir compte de ces qualités dans la détermination de sa valeur. C'est par la même raison que les pommes de terre et surtout les grains sont estimés dans l'alimentation plutôt d'après leur valeur vénale que d'après leur valeur nutritive. Cette dernière, au point de vue de l'azote seulement, étant de 1 fr. 65 l'hectolitre pour le topinambour, je ne crois pas trop favoriser ma culture, ni trop grever mes animaux en l'élevant à 2 fr. à raison des qualités supplémentaires de la plante. Du reste, quelles que soient les bases qu'on adopte à cet égard, on verra plus loin que le résultat final n'en peut éprouver aucune altération.

(2) L'extraction de ce qui restait en terre a été faite depuis que cet article est écrit. Elle a rendu 125 hectolitres, dont 2 ont été vendus et le reste replanté dans un domaine de 4 hectares. Ces 125 hectolitres étant le produit de 70 ares, le rendement est moins élevé, proportionnellement, que celui des 15 ares arrachés en premier lieu. Cela vient sans doute de ce que ces derniers étaient à leur deuxième année de culture, et que les tubercules restés dans le sol après la première récolte ont contribué à augmenter le produit. Cette partie de la pièce était, en effet, beaucoup mieux garnie que celle où la plante paraissait pour la première fois.

Report des produits...... 404ᶠ »

Travail............................ 43 »
Fermage.......................... 40 »
Solde repris de l'inventaire de 1856.. 57 40
Consommation d'engrais : 30 m. c. à
4 fr............................. 120 »   } 274 76
Frais généraux et dépérissement du
matériel.......................... 14 36

BÉNÉFICE........ 129ᶠ 24

Quelques personnes prétendent que là où le topinambour a été planté une fois, il est inutile de le replanter pour les années suivantes, attendu qu'il en reste assez dans le sol, après l'arrachage, pour tenir lieu de semences. Quoique le mérite de cette économie soit contesté par de célèbres agronomes, et entre autres, par Schwertz, et comme, du reste, il n'y a rien d'absolu en agriculture, je me suis décidé, cette année, sans avoir grande confiance au succès, à abandonner à elle-même la pièce qui a porté mes topinambours en 1857. Après l'arrachage, je me suis borné à faire relever la terre en billons, au moyen du butteur ordinaire. Aujourd'hui toute cette pièce présente une végétation magnifique, mais qui a le défaut d'être trop épaisse ; ce qui me met dans la nécessité de l'éclaircir, sans quoi les tubercules resteraient infailliblement très-petits. Du reste, quoi qu'on fasse, je serai bien trompé si, produits par des topinambours qui n'ont échappé à l'arrachage que par leur exiguïté, ils parviennent à acquérir un développement satisfaisant.

Dans de certaines localités, on est dans l'usage de couper les tiges du topinambour avant qu'elles soient flétries par les gelées, puis, mises en bottes et desséchées à l'abri, on les donne comme fourrage au bétail pendant l'hiver. Chez moi, les animaux se sont toujours montrés très-peu friands de cette nourriture, qui n'a guère de mérite qu'en temps de disette, et pour la conservation de laquelle de vastes locaux sont nécessaires. D'un autre côté, il est reconnu que le topinambour, végétant jusqu'aux gelées, ne peut que souffrir de l'enlèvement prématuré de ses tiges. Mieux vaut donc les abandonner au sol qui les a produites, et auquel elles restituent au-delà même de l'engrais qu'elles lui ont enlevé, si tant est qu'elles ont réellement végété en partie aux dépens de l'atmosphère, ce qui ne paraît pas douteux.

Lorsque le topinambour est cultivé dans un terrain très-fertile et que ses tiges atteignent de grandes dimensions, on peut les employer comme combustible pour le four, etc.; mais ces cas doivent être fort rares, car ce n'est pas ordinairement dans les meilleures terres que l'on place cette plante. Son principal mérite, au contraire, c'est d'utiliser les sols médiocres; ce qu'il fait plus avantageusement que tout autre végétal, l'ajonc excepté.

Le topinambour doit être traité de la même manière que la pomme de terre. Il a sur cette dernière, qu'il ne peut toutefois remplacer dans les usages culinaires, l'avantage de pouvoir rester en terre jusqu'au moment de la plantation nouvelle; ce qui permet de ne l'arracher qu'à mesure des besoins, et ce qui dispense de locaux spéciaux, ainsi que de tous soins pour sa conservation.

Si l'on pouvait bien se pénétrer, dans nos contrées, dont le sol et le climat lui conviennent si bien, du mérite réel de cette plante, il n'est pas un seul cultivateur qui ne s'empressât de lui accorder une place dans son exploitation; ce qui est d'autant plus facile, qu'elle est très-peu exigeante en engrais, tout en payant généreusement celui qu'on lui donne. La facilité avec laquelle elle se reproduit spontanément ne permet guère son introduction dans les assolements. Ce n'est pas là un grave inconvénient, puisqu'on peut la confiner dans des terrains

4

spéciaux, où pendant long-temps, elle se maintiendra d'autant plus productive qu'elle sera mieux soignée.

Résultat de la Culture fourragère.

Dans toute exploitation agricole, la culture des fourrages n'est qu'un moyen pour arriver de transformation en transformation à la production du blé et des autres principales denrées alimentaires ou industrielles, qui sont le but final du cultivateur. Le fourrage nourrit le bétail, le bétail fournit de l'engrais, l'engrais produit du grain, et ce dernier coûte d'autant moins cher que la culture fourragère a été plus rationnelle et plus avantageuse.

Dans cet ordre d'idées, il est bien vrai que les bénéfices ou les pertes présentés par mes plantes fourragères ne sont qu'une fiction qui doit en définitive se fondre dans l'établissement du prix de revient de la denrée principale.

Pour arriver plus aisément plus tard à une exacte application de cette conclusion, je vais résumer ici tous les comptes de mes fourrages en présentant d'abord ceux qui soldent en bénéfice.

Ce sont, savoir :

1° Les prés naturels donnant net	602	40
2° Le trèfle	306	65
3° Les choux	40	98
4° L'ajonc	396	50
5° Les fourrages annuels	63	34
6° Les topinambours	129	24

A quoi il convient d'ajouter :

7° L'avoine exclusivement réservée pour mon bétail	109	93
A reporter	1,649	04

| | Report | 1,649 04 |

Les comptes en perte sont :
| 1° Les carottes pour | 57 25 | |
| 2° Les rutabagas | 56 20 | 113 45 |

BÉNÉFICE NET... 1,535 59

Il est évident que ce bénéfice ne m'est acquis qu'au préjudice de mes animaux, et par suite à celui de ma culture principale, à laquelle il sera nécessaire de le restituer pour pouvoir tirer de cette dernière toutes les déductions économiques qu'elle comporte.

Cette réserve faite, je poursuis le compte-rendu de ma culture générale.

2e SECTION.

HORTICULTURE ET ARBORICULTURE.

§ 1er. — Jardin potager.

J'ai dit, dans mon compte-rendu de 1856, p. 79 et suivantes, en quoi consistent les jardins de la Ferme-École.

L'un d'eux, — le jardin neuf, — d'environ 50 ares, me sert surtout pour la culture de mes replants de choux, de rutabagas, de colza, etc., et pour mes porte-graines; mais comme ils ne peuvent l'occuper en entier, un carré a été mis en pommes de terre et le reste en carottes. J'ai rendu compte tout-à-l'heure de ce qui concerne les unes et les autres, et je n'ai plus à y revenir.

Le grand jardin est spécialement consacré à la culture maraîchère pour les besoins de la maison. Il occupe continuellement le jardinier en chef avec quatre apprentis et souvent plus. C'est dire assez que son entretien est fort coûteux et constitue une lourde charge pour le ménage. Mais c'est une nécessité pour l'instruction des élèves.

Ce grand jardin est divisé en deux parties à peu près égales, dont l'une, subdivisée en carrés séparés par des allées avec plates-bandes, est cultivée à la bêche; l'autre, consacrée uniquement aux gros légumes, est travaillée à la charrue.

Ce jardin m'a coûté en 1857 :

1° Valeur des plantes, graines, etc., inventoriées en 1856.............................	278f 55
2° Achat de graines et de replants divers pendant 1857..................................	44 75
3° 72 m. c. de fumier	288 »
4° Poterie de terre	18 45
5° Fermage....................................	100 »
6° Travail.....................................	444 55
7° Frais généraux et dépérissement du matériel.	78 98
8° Amortissement du drainage exécuté au jardin.	10 »
	1,263f 28

PRODUITS :

Vente de légumes...............	52f 90	
Séparation du jardin d'agrément, et valeur de ce dernier comprise dans la dépense du potager................	134 »	588 65
Plantes, grains, fumiers et composts à l'inventaire....................	401 75	
BALANCE		674 63

dont le compte de ménage a été chargé comme consommateur.

des légumes non vendus. L'effectif moyen du personnel nourri par l'établissement étant de quarante-cinq individus , la consommation du jardinage pour chacun d'eux est donc d'environ 15 fr. pour l'année , non compris les pommes de terre de la grande culture.

Je viens de parler d'un jardin d'agrément qui décharge de 134 fr. les dépenses du potager. Il consiste tout simplement dans la culture de quelques massifs d'arbustes et de fleurs qui ornent la cour assez spacieuse du château de Trécesson, ainsi que dans une collection de plantes en pots composant une école pour ceux des apprentis qui se destinent principalement à l'horticulture.

Cette somme de 134 fr. représente une valeur qui sera plus ou moins réalisable en fin de bail , mais qui ne rapporte rien, et qui doit figurer à mon inventaire comme capital à amortir.

§ 2. — Pépinières.

Ma pépinière , d'une étendue de 1 hectare 30 ares , renfermait, au 31 décembre 1857, environ 15,000 plants de différents âges , la plus grande partie en pommiers et poiriers , le reste en châtaigniers, ormeaux et frênes.

Ces arbres figurent à mon dernier inventaire pour une valeur moyenne de 0^f 10 c. chacun. Il y en a bon nombre qui sont susceptibles d'être vendus 1 fr. la pièce ; d'autres valent à peine 05 c. Toutefois , l'estimation à laquelle je me suis arrêté est de beaucoup inférieure à la valeur réelle , et laisse à l'avenir une marge suffisante.

Ce compte est donc crédité :

1° Valeur de la pépinière au 31 décembre 1857. 1,500 »

2° Vente d'arbres dans l'année................. 559 65

A reporter..........2,059ᶠ65

Report		2,059ᶠ 65

Il est débité savoir :

1° Valeur de la pépinière à l'inventaire
de 1856.. 965 20

2° Achat de 255 poiriers...................... 62 50

3° Fermage... 100 »

4° Intérêts sur un roulement moyen de
1,000 fr... 50 »

5° Travail... 157 55

6° Frais généraux et dépérissement du
matériel... 88 16

1,423 41

BÉNÉFICE................ 636ᶠ 24

Ce bénéfice, fort satisfaisant, est dû principalement à l'augmentation de valeur de la pépinière par la feuille de 1857. Chaque sujet, par le seul effet de sa croissance, gagne en moyenne au moins 04 à 05 c. annuellement. D'un autre côté, l'excellente qualité de mes arbres les faisant rechercher, assure à leur vente un prix suffisamment rémunérateur,

On voit figurer dans les charges de la pépinière une somme de 50 fr. pour intérêts, tandis que les autres cultures ne sont nominativement débitées de rien pour ce chef. Cela vient de ce que le temps m'a manqué pour faire, en ce qui les concerne, le compte détaillé de cet intérêt, dont elles ne sont pourtant pas affranchies, puisque je l'ai porté en bloc au compte de denrées en magasin, qui les résume à peu près toutes, et qu'elles en supportent encore la part inscrite au compte des frais généraux, distraction faite de celle appliquée à quelques comptes spéciaux.

§ 3. — Pommiers et Cidre.

La récolte des pommes a été absolument nulle à Trécesson en 1857. C'est une grande perte qu'il n'a pas été en mon pouvoir d'éviter. Cependant on y a cueilli quelques pommes douces, qui ont été desséchées pour faire de la boisson économique pendant l'été. Dans cet état, elles se réduisent à 1 hectolitre, que j'ai estimé 12 fr.

Dans de bonnes années, on peut faire à Trécesson deux cents barriques de cidre. La campagne de 1856, déjà fort mauvaise sous ce rapport, n'en a produit que vingt-quatre. Ces deux déficits consécutifs ont bien aggravé les charges de mon ménage.

J'ai passé en revue toutes les cultures que mon exploitation de 1857 a embrassées. On voit que, sans être absolument mauvais, leurs produits auraient pu être meilleurs, surtout dans une année d'abondance. Mais comme il me fallait, à tout prix, sortir de la voie dans laquelle je me trouvais engagé, j'ai dû me résigner à des sacrifices momentanés pour prendre une position meilleure. D'un autre côté, la baisse de toutes les denrées, dont je subis les effets avec tous les cultivateurs, contribue pour beaucoup à la faiblesse de mes résultats. Au demeurant, si je n'ai pas recueilli tous les fruits que je pouvais attendre de cette campagne, j'ai du moins la satisfaction d'avoir préparé les voies pour l'avenir à un meilleur succès; c'est ce dont on pourra se convaincre en donnant quelque attention à mon chapitre sur les engrais.

2ᵉ DIVISION.

BÉTAIL.

Au 31 décembre 1857, mon inventaire constate la présence dans mes étables de :

32 Vaches bretonnes ;
10 Bœufs de travail dont 2 mis à l'engrais ;
2 Taureaux pour la reproduction ;
8 Taurillons ;
5 Génisses ;
1 Bouvillon ;
3 Juments poulinières et de travail ;
1 Cheval pour le service spécial de la maison ;
3 Poulains dont un de 20 mois, un de 8 et un de 5;
42 Porcs ;
8 Bêtes à laine ;
87 Têtes de volaille.

Le nombre de mes vaches a été de 40 pendant une bonne partie de l'année. J'en ai vendu quelques-unes qui m'ont été demandées de plusieurs points de la France et qui n'étaient pas encore remplacées au 31 décembre, mais qui le sont aujourd'hui.

Je persiste, pour ce qui concerne ma vacherie, à n'y introduire que des bêtes pures bretonnes et bien choisies, élaguant tout ce qui ne répond pas à cette double condition. J'ai déduit, l'année dernière, les motifs qui m'ont fait prendre cette détermination, qui cependant n'est point irrévocable et que je modifierai à mesure que mes ressources fourragères augmenteront.

C'est dans cette vue que j'ai conservé un beau taureau demi-sang ayrshire, dont j'élève quelques produits. Plus tard, j'essaierai l'infusion du sang durham, agissant toutefois avec la plus grande circonspection.

Au contraire, j'exclus de ma porcherie tout ce qui n'est pas anglais ou craonnais. Ce parti, toutefois, ne date que du commencement de cette année. Il m'a été dicté par les enseignements de ma comptabilité, qui montre clairement que notre race porcine locale pure, ou même croisée craonnaise, coûte beaucoup plus qu'elle ne rapporte, principalement à cause de la lenteur de sa croissance.

Malheureusement les races anglaises n'étant que fort peu recherchées dans ce pays, mes produits en ce genre n'y trouveront que difficilement des débouchés avantageux, ce qui me forcera à en chercher au loin pour tout ce qui ne sera pas consommé dans mon ménage.

Les différents comptes qui vont suivre montreront que mon bétail ne m'a point donné de bénéfice en 1857, ce qui vient incontestablement de ce que je l'ai débité de sa nourriture à un prix plus élevé que celui auquel elle me revenait.

Mais si on lui attribue ceux résultant de la liquidation des comptes de fourrage, son entretien sera loin de m'avoir été onéreux.

Cependant, il est une catégorie de mes animaux dont le compte solde par une perte assez considérable qui aurait pu être évitée : c'est la porcherie. J'ai commis à son égard la double faute de la peupler trop vite et d'animaux de race médiocre, dont la consommation débordant mes ressources alimentaires, m'a imposé des charges que n'a point allégées la cherté des denrées.

§ 1er. — Vacherie.

Son compte s'établit ainsi :

PRODUITS :

Vente de vaches dans le courant de l'année. . . 3,031f 35
Prime obtenue au concours régional du Mans. 100 »
Veaux 429 50
Lait, beurre, etc. . . . . 2,280 »
Fumier. 1,240 25
Valeur de 32 vaches à l'inventaire de 1857. . . . 3,640 »
                                                            ————————
                                                            10,721f 10

CHARGES

Les 19 vaches existant à l'inventaire
de 1856 ont coûté. . . . . 2,540f »
    Il en a été acheté dans le courant
de l'année pour 4,067 80
    La nourriture a coûté (non compris
le pâturage non évalué). 2,184 45
    Et les soins. 431 05
    Intérêts sur un roulement moyen de
4,000 fr. . . . . 200 »
    Amortissement des améliorations
faites à la vacherie. 88 04   10,032 44
    Frais occasionnés par le concours
du Mans . . . . 173 »
    Ces frais ont été largement couverts
par la prime obtenue et par la vente des
4 vaches qui ont figuré à ce concours.
    Frais spéciaux occasionnés par la
vente d'autres vaches. 65 60
    Part de la vacherie dans les frais
généraux. 129 60
    Frais de transport de 2 vaches livrées à
Paris et de 6 autres conduites à Nantes. 152 90
                                                            ————————
                            . BÉNÉFICE. 688f 66

Si au lieu de faire subir à mes vaches une assez forte dépréciation dans mon inventaire, je les eusse portées pour ce
qu'elles me coûtaient, ou, en d'autres termes, si leur valeur
n'eût pas baissé, ce bénéfice serait plus satisfaisant. Son
amoindrissement tient donc à une circonstance qu'il n'était
point en mon pouvoir d'éviter.

Mon produit en lait, beurre, etc., n'est pas aussi considérable, non plus qu'il aurait pu l'être, parce que mon étable,
composée principalement en vue de la vente des vaches, comprend beaucoup de jeunes bêtes portant leur premier veau et
qui n'ont produit que peu ou point de lait.

§ 2. — Taureaux.

Lors de mon inventaire, j'avais trois beaux taureaux dont
deux bretons purs et un demi-sang ayrshire. Celui-ci a obtenu, en mai 1858, le 2ᵉ prix (500 fr.) des races étrangères
croisées, au concours régional de Saint-Brieuc.

Le compte de mes trois taureaux présentait, à la fin de
l'année dernière, une perte de 469 fr. 59, aujourd'hui compensée par le prix dont je viens de parler. Cette perte provient
de ce que ces animaux, ayant atteint tout leur développement,
consomment beaucoup sans produire autre chose que du fumier et quelques saillies dont la valeur est bien loin de couvrir les dépenses.

L'entretien des trois taureaux pour une vacherie comme la
mienne est beaucoup trop onéreux, et si j'ai gardé ce nombre
aussi long-temps, c'était pour en pousser l'élevage jusqu'au
bout et en même temps dans l'espoir de contribuer à l'amélioration du bétail de mon voisinage. Mais le cultivateur de
cette contrée n'appréciant nullement l'avantage qui lui était
offert en cela, j'ai complétement réformé cette partie de mes
étables en m'en tenant, depuis le mois de mai 1858, à un seul
taureau ayrshire-breton, jeune encore et d'une belle confor-
mation.

§ 3. — Elèves bovins.

Ce compte, qui ne comprend que quatorze têtes, solde par un faible bénéfice de 18 fr. 46, qui eût été plus élevé sans la dépréciation subie par cette espèce de bétail,

Toutefois, cette catégorie d'animaux occupant pendant toute l'année un de mes apprentis, à tour de rôle, dont les soins rapportent à la Ferme-Ecole 45 cent. par jour, ce produit indirect m'empêcherait seul de renoncer à l'élevage, quand même je n'y tiendrais pas, dans le but principal de contribuer de tous mes efforts à l'amélioration de la race bovine de cette contrée.

§ 4. — Bœufs.

Leur compte s'établit ainsi :

DÉBIT :

Valeur de 11 bœufs à l'inventaire de 1856	2,450 »
Jeunes bœufs achetés dans l'année	347 »
Nourriture	1,989 45
Soins	137 90
Frais spéciaux	15 65
Côte-part dans les frais généraux	81 »
Amortissement des réparations d'étable	25 »
Intérêts sur un roulement moyen de 2,500 fr.	125 »
	5,171ᶠ »

CRÉDIT :

Bœufs vendus	920 25	
Travail à raison de 30 c. par heure et par paire	1,728 60	5,035 35
Fumier	436 50	
Valeur de 10 bœufs inventoriés le 31 décembre 1857	1,950 »	

PERTE 135ᶠ 65

Cette perte vient de ce que le nombre des bœufs entretenus à Trécesson dépasse les besoins de la culture, et aussi de ce que les plus vieux ont baissé de valeur. Leur travail total n'est que de 640 journées de neuf heures; mais comme une des cinq paires était en dressage, ces 640 journées ne sont en réalité que le produit de quatre paires, ce qui ne donne pour chacune que 160 jours de travail utile.

En s'attachant à répartir les travaux aussi également que possible, je ne doute pas que l'on ne parvienne ici à supprimer sans inconvénient au moins une paire de bœufs, ce qui sera d'autant plus praticable que dorénavant mes constructions et réparations, fort avancées maintenant, occuperont beaucoup moins mes attelages.

§ 5. — Chevaux.

Leur compte se présente ici sous un meilleur aspect qu'en 1856, ce qui vient, 1° d'une petite réduction dans leur effectif, réduction qui doit être encore augmentée; 2° de l'élévation du prix de leur travail à 20 c. par heure, au lieu de 15 c.; 3° enfin, de ce que ce compte est crédité par le débit des frais généraux de l'entretien du cheval employé uniquement à mon usage personnel et à celui de ma maison.

DÉBIT :

Le 31 décembre 1856, j'avais 6 chevaux et 1 poulain estimés.................... 1,665ᶠ »
J'en ai acheté, dans le courant de l'année, trois autres pour...................... 523 »
La consommation de l'écurie s'élève à........ 1,384 15
Les soins à.......................... 67 10
Le ferrage à.......................... 83 50
Les frais spéciaux à.................... 52 80
                    A reporter......... 3,775 55

Report........................... 3,775 55

La côte-part des chevaux dans les frais généraux à................................... 51 84

Intérêts sur un roulement moyen de 1,600 fr.. 80 »
                                                    ————————
                                                    3,907 39

L'écurie des chevaux n'ayant encore donné lieu
à aucune réparation, ils ne contribuent pas, pour
1857, à l'amortissement.

CRÉDIT

J'ai vendu 5 chevaux dans le courant de l'année pour............... 1,277 30

Le travail agricole est estimé à... 871 40

Entretien du cheval de maître à la
charge des frais généraux........... 365 » 〉 3,819 45

L'écurie a produit 85 m. c. de fumier, estimés..................... 205 75

Il me reste 4 chevaux et 3 poulains
inventoriés pour.................. 1,100 »
                                                    ————————
PERTE........................... 87 94

Si mes trois juments avaient été évaluées à l'inventaire de
1857 aux mêmes prix qu'à celui de 1856, le compte solderait
d'une manière inverse.

La dépense de mes chevaux pour nourriture, soins, ferrage, frais spéciaux et généraux, s'élève pour chacun d'eux
à 93 c. 1/2 par jour.

En ne considérant que la valeur du travail et du fumier,
comparativement à la dépense, il y aurait un déficit de 277 fr.
21 c., qui se trouve en grande partie compensé par l'accroissement de valeur des poulains.

Pour arriver à faire balancer, sans perte, le compte de mes
chevaux, en continuant à les débiter de leur nourriture, non
d'après ce qu'elle me coûte, mais d'après sa valeur vénale, il

sera nécessaire d'en supprimer encore un, ce qui peut avoir lieu sans inconvénient, puisque les trois qui sont spécialement affectés au travail agricole n'ont fourni que 484 journées de travail, soit 161 jours 1/3 pour chacun.

§ 6. — Bêtes à laine.

Je n'ai, en ce genre, qu'un bélier, deux moutons et cinq brebis, restant d'une quantité plus forte entretenue pour les besoins de mon ménage. J'ai ordinairement une vingtaine de bêtes à laine, qui suivent les vaches au pâturage et qui ne donnent lieu à aucun frais. Le bénéfice qu'elles m'ont procuré l'année dernière, en croît et en laine, est de 93 fr. 50. Je ne gagnerais rien à avoir un troupeau plus considérable, parce qu'il me faudrait une personne spéciale pour le soigner, et que son salaire absorberait le profit, à moins cependant qu'il ne fût assez considérable pour comporter cette charge; mais alors il faudrait modifier ma culture en vue d'une telle spéculation.

§ 7. — Porcs.

Voici le compte qui présente le plus mauvais résultat pour 1857. Le 31 décembre 1856, j'avais vingt-six porcs, petits et gros, et ce compte s'est accru pendant l'année, au point que mes ressources alimentaires n'ont pu suffire à l'entretenir convenablement. La cherté de toutes les denrées alimentaires m'a imposé des économies dont le développement de mes animaux s'est ressenti, et, en définitive, la nourriture se bornant à la simple ration d'entretien, n'a produit que fort peu de chose, en sorte que la dépense a été plus forte que le rendement. Mieux eût valu réduire l'effectif et le mieux nourrir; mais lorsque j'aurais pu le faire encore utilement, le prix des porcs s'était tellement avili que j'ai reculé devant le sacrifice qui serait résuité pour moi d'une réalisation dans ces circonstances; j'ai préféré allonger la courroie, et je n'ai pas mieux fait.

En résumé, il me restait, au 31 décembre 1857, quarante-deux porcs, dont huit petits, le reste moyens et gros, et le compte de ma porcherie soldait par une perte sèche de 512 fr. 30 c.

Depuis cette époque, j'ai vendu, tant bien que mal, une partie de mes porcs du pays pour m'exonérer de leur entretien coûteux, et je les ai remplacés par trois belles truies et cinq petits de bonne race anglaise, que je tiens de l'obligeance de M. Henri de Sainte-Marie fils. J'ai en même temps donné un assez grand développement à ma culture de topinambours; en sorte que, mes conditions s'améliorant, j'attends pour l'avenir de meilleurs résultats; toutefois, ce ne sera guère qu'à partir de l'hiver prochain que cette branche de mon exploitation pourra produire tous les avantages dont elle est susceptible.

§ 8. — Volailles

Je ne mentionne que pour mémoire cet article, dont l'importance est très-minime, et qui ne présente qu'un bénéfice de 35 fr. 15 c.

Les volailles élevées à Trécesson consistent uniquement en poules et canards pour les besoins de mon ménage.

RÉSULTAT DES COMPTES DU BÉTAIL.

On a dit souvent que l'entretien du bétail dans une ferme est un mal nécessaire, et cette proposition est en quelque sorte passée à l'état d'aphorisme agricole, admis et répété de confiance. On me permettra de n'être point de cet avis, malgré mes mauvais résultats de 1857.

Le bétail est élevé en vue d'en obtenir deux produits principaux, indispensables à la culture : 1° du travail, 2° du fumier. Les autres produits, n'étant qu'accessoires, allégent plus ou moins le prix coûtant de ceux-là.

Pour que le bétail fût un mal nécessaire, il faudrait que ses produits principaux, ne pouvant être obtenus d'une autre manière, revinssent en même temps à un taux onéreux pour la culture, et que son fumier surtout fût plus coûteux, à qualité égale, que les autres engrais fournis par le commerce.

Or, j'espère pouvoir démontrer bientôt, par des chiffres concluants, qu'il n'en est point ainsi, et que de tous les engrais, le fumier d'étable est non seulement le meilleur, mais encore le moins cher, et que, même dans une exploitation bien conduite, on peut arriver à l'obtenir en pur bénéfice.

On conçoit toutefois que cela n'est possible qu'à la condition de faire profiter sa production de tous les avantages qui peuvent résulter des moyens qui y concourent.

Ainsi, il va sans dire que le compte des fourrages, comme celui des animaux, ne seront chargés que de leurs dépenses réelles, et que, par conséquent, si leur liquidation fait dans le cas contraire ressortir un bénéfice quelconque, ce bénéfice, ne pouvant être acquis qu'aux dépens du fumier, doit lui être restitué pour établir son prix coûtant vrai.

Car, la production des fourrages, l'entretien du bétail ne constituant pas dans une exploitation agricole ordinaire des entreprises spéciales de spéculation, mais bien, comme je l'ai dit, de simples moyens pour produire du fumier d'abord et du grain ensuite, il est sensible qu'ils ne peuvent par eux-mêmes donner ni bénéfice ni perte, mais seulement contribuer plus ou moins économiquement à la création des produits.

Or, pour arriver en temps et lieu à une nouvelle application de cette conclusion, je vais, comme je l'ai fait pour les fourrages, résumer ici tous mes comptes de bétail.

COMPTES EN PERTE.

Taureaux	469ᶠ 59	
Bœufs	135 65	1,205ᶠ 48
Chevaux	87 94	
Porcs	512 30	

COMPTES EN BÉNÉFICE.

Vaches	688 66	
Elèves bovins	18 46	835 77
Bêtes à laine	93 50	
Volailles	35 15	

PERTE NETTE. 369ᶠ 74

Mon bétail perd donc 369 fr. 71 c. Mais comme les fourrages que j'ai produits pour le nourrir gagnent 1,535 fr. 59 c., il me reste encore un bénéfice net de 1,165 fr. 88 c., qui doit venir en atténuation du prix coûtant de mon fumier, puisque ce dernier ne doit être que le chiffre balançant exactement tous les comptes qui concourent à sa production.

C'est ce qui sera tiré au clair dans le chapitre suivant.

3ᵉ DIVISION.

ENGRAIS.

---

§ 1ᵉʳ. — Fumier d'étable.

En 1857, j'ai retiré de mes étables 1,022 m. c. 50 de fumier, dont mon bétail a été crédité, pour sa part contributive, en.. 2,467ᶠ 30

Cette valeur s'accroît naturellement de celle de la litière, des frais de manutention, du transport du fumier dans les champs où il est livré et épandu *franco* à un prix uniforme pour toutes les récoltes.

Ces diverses dépenses s'élèvent ensemble à.... 1,696 70
———————
TOTAL............ 4,164ᶠ »

Soit 4 fr. 05 le mètre cube.

Tel est *le prix d'ordre* que j'ai cru devoir admettre en 1857 dans ma comptabilité, en le réduisant toutefois à 4 fr. pour la facilité des calculs.

Est-ce à dire que le fumier me coûte réellement ce prix là ? Tant s'en faut.

Nous avons déjà vu tout-à-l'heure qu'il doit être réduit de 1,165 fr. 88, montant des bénéfices nets résultant de l'ensemble des comptes de fourrages et de bétail, ce qui l'abaisserait de 4 fr. à 2 fr. 90, chiffre nouveau que je regarde comme une valeur vénale dans ma localité (bien que le fumier n'y fasse l'objet que de très-rares ventes), et que je conserve comme terme d'appréciation ou de comparaison pour divers calculs que j'établirai plus loin.

Mais ce nouveau prix de 2 fr. 90 n'est pas davantage l'expression réelle du coût de mon fumier, et voici pourquoi :

Tous les fourrages qui concourent à sa production sont débités de l'engrais d'étable qu'ils ont consommé sur le pied de 4 fr. le mètre cube. Néanmoins, ils produisent un bénéfice net de 1,165 fr. 88.

Il est évident que s'ils n'en étaient chargés qu'au prix de 2 fr. 90, ce bénéfice serait plus élevé, ce qui réduirait encore le prix coûtant du fumier, et ainsi de suite jusqu'à ce que l'on soit arrivé au point vrai.

Pour éviter cette cascade de calculs, il est plus simple de dégrever entièrement les fourrages de l'engrais dont ils sont débités ; de voir alors quel bénéfice ils produiront et de mettre ce bénéfice en balance avec le prix estimatif du fumier consommé par toute la récolte de l'année. Si celui-ci est le plus fort, la différence sera son prix courant réel. Dans le cas contraire, non seulement il ne coûtera rien, mais il aura encore un solde quelconque qui devra tourner au profit des autres récoltes.

Pour plus d'intelligence de ce mode d'appréciation, je vais le formuler en chiffres applicables à mon exploitation de 1857.

Mes comptes de fourrages sont débités ensemble pour le fumier qu'ils ont consommé d'une somme de. . . . . . 1,070ᶠ »

Néanmoins, défalcation faite de la perte sur le bétail, ils produisent un bénéfice de. 1,165 88

S'ils n'étaient grevés de rien pour le fumier, ce bénéfice serait donc de 2,235ᶠ 88

Le fumier consommé par toute la récolte, et estimé (1). 2,102 80

est donc entièrement compensé et au-delà par les profits résultant des fourrages; d'où il suit que non seulement il ne coûte rien, mais qu'il laisse encore au profit des denrées principales un petit excédant de 133ᶠ 08

---

(1) Voir ci-après le § *des engrais en terre.*

Ce qui n'empêche pas que l'engrais qui reste en terre pour les récoltes suivantes ne conserve la valeur d'ordre qui lui a été attribuée, sauf à la modifier lors de la consommation, d'après les principes qui viennent d'être exposés.

Les calculs qui précèdent n'entraînent aucun changement, aucun redressement dans mes comptes, que je maintiens tels que je les ai sommairement rapportés ci-devant, car, que le bénéfice de ma campagne me provienne de l'allégement d'un compte par l'aggravation d'un autre, ou bien qu'il résulte simplement des écritures d'ordre que j'ai tenues, le résultat final sera toujours le même.

Ces calculs sont donc uniquement dressés en vue de l'établissement du *criterium* agricole, à savoir : le prix coûtant réel du froment et des autres denrées principales, *criterium* auquel je consacrerai plus loin un article spécial.

§ 2. — Engrais en terre.

Il n'est pas, dans toute la comptabilité agricole, de compte plus commode que celui dont il s'agit ici pour se créer des illusions et un avoir fictif. Les explications qui vont suivre prouveront, je l'espère, que j'évite entièrement cet écueil; ce que je dois sans doute à la méthode rationnelle que j'ai adoptée pour le réglement de ce compte, qui présente la situation suivante :

Le 31 décembre 1856, il soldait à nouveau par.. 721f »
Il a été employé en 1857 :
1,010 m. c. 50 de fumier, estimés............ 3,922 »
3,943 kilogrammes de chiffons 534 75
                                                _____
                                                5,177f 75

non compris quelques autres engrais commerciaux promptement décomposables, et qui, par cette raison, sont portés directement au débit de la récolte à laquelle on les applique.

De cette somme de 5,177 fr. 75, il faut déduire celle de 2,293 fr. 75 formant la valeur du fumier employé depuis le mois de juillet 1857, et qui n'a contribué pour rien à la récolte de cette année, laquelle n'a, par conséquent, puisé son alimentation que dans une valeur de 2,284 fr., ajoutée à la richesse initiale du sol.

En faisant application du tarif d'absorption que j'ai donné dans mon compte-rendu de 1856, et qui me paraît très-rapproché de la vérité, la consommation d'engrais par la dernière récolte serait de 550 m. c. 70, estimés 2,202 fr. 80 ; en sorte qu'il devrait rester dans le sol, provenant des fumures antérieures au mois de juillet, et indépendamment de celles faites après cette époque, une valeur de 681 fr. 20.

A moins qu'on ne prétende que les récoltes doivent absorber la totalité des fumures qui leur sont appliquées, ce solde ne paraîtra ni improbable ni exagéré ; il pécherait plutôt par le contraire, et ce ne serait pas un mal pour le cultivateur, qui, comme moi, n'est que simple fermier, puisqu'en fin de bail, le solde de ses engrais en terre sera perdu pour lui. Voilà pourquoi j'ai préféré adopter un aliquote plutôt fort que faible, et jusqu'ici, tout m'indique que mes bases sont très-bonnes.

J'en trouve encore la preuve dans la comparaison du solde de 1856 avec celui de 1857. Ce dernier n'étant pas proportionnellement plus élevé que le premier, il en faut nécessairement conclure que mon compte d'engrais en terre ne présente pas une valeur fictive.

A cette somme de. 681f 20
il faut ajouter les fumures faites depuis le mois de
juillet pour la campagne de 1858, et montant à. 2,293 75

Ce qui donne au 31 décembre un total de. 2,974f 95

Comme à pareille époque de 1856 il n'était que de 721 »

Il s'ensuit que la fertilité s'est accrue de. 2,253f 95

Ce qui doit assurer le succès de la récolte de 1858 ; admettant toutefois que les fumures du printemps de cette année soient aussi fortes que celles du printemps de 1857. Dès aujourd'hui, je puis assurer qu'elles ne le seront pas moins.

§ 3. — Engrais commerciaux.

Ces sortes d'engrais sont une précieuse ressource pour ceux qui n'ont ni bétail ni fourrages en quantités suffisantes pour fertiliser convenablement leurs terres; mais ils présentent le double inconvénient d'être fort chers et d'être souvent falsifiés, malgré les excellentes mesures administratives prises dans plusieurs départements contre les abus de cette nature.

De plus, une terre qui ne serait fécondée que par des engrais artificiels finirait nécessairement par s'appauvrir, à moins que leur composition ne fût telle qu'elle pût fournir identiquement aux récoltes, en proportion et dans des conditions convenables, toutes les substances nécessaires à leur végétation; ce qui serait assez difficile, puisqu'il faudrait presque autant d'espèces d'engrais qu'il y a d'espèces de plantes.

Il n'est pas sans intérêt de comparer à celle du fumier la valeur de quelques-uns des engrais le plus ordinairement employés ici, en prenant l'azote pour base.

Mon fumier d'étable, dosant, comme je l'ai établi en 1856, 2 kilogrammes d'azote par mètre cube, fournit cette substance à 1 fr. 45 c. le kilogramme, si l'on maintient l'estimation de 2 fr. 90 que je lui ai donnée plus haut.

Le guano, qui nous vient de la Compagnie du monopole, nous coûte ici 40 fr. les 100 kilogrammes. Son dosage étant de 12 à 15 0/0, l'azote ressort à environ 3 fr. le kilogramme.

L'engrais breton, mélange de poisson et de goëmon, qui coûte à Nantes 10 fr. les 100 kilogrammes, dose 4 0/0, et ne livre le sien qu'à 2 fr. 50.

Mais ce que l'on ne sait pas assez, et ce à quoi il faut bien prendre garde, c'est que, lorsqu'on achète 100 kilogrammes d'un engrais quelconque, dosant, par exemple, 5 0/0 d'azote, ou 60 0/0 de phosphate, il ne faut pas croire que l'on reçoive réellement ces substances dans les proportions indiquées, relativement au poids total de la marchandise. Le mode employé pour les analyser peut à cet égard induire en de graves erreurs qu'il est utile de signaler. Lorsque le chimiste (et c'est ainsi que presque tous procèdent d'ordinaire) essaie un échantillon, son premier soin est de le faire dessécher de manière à en extraire, autant que possible, toute l'eau qu'il contient, après quoi il le pèse et fait son analyse. S'il y a trouvé 60 0/0 de phosphate, il le constate ; mais comme cette proportion ne s'applique qu'au poids de la matière sèche, si celle-ci a perdu, je suppose, 25 0/0 d'humidité, ce qui ne serait pas bien extraordinaire, il s'ensuit que l'engrais, dans son état normal, c'est-à-dire dans l'état sous lequel il est livré au cultivateur, ne contient réellement que 48 0/0 de phosphate, au lieu de 60.

Or, certains marchands fort éclairés sur ce point, ne voulant pas contrevenir aux réglements, accusent avec la plus scrupuleuse exactitude la composition chimique de leur marchandise. Seulement, ils omettent de dire que l'analyse a été faite sur un échantillon complètement desséché, tandis que l'engrais qu'ils livrent au poids est souvent loin de cet état.

Si le cultivateur veut se rendre compte, en supposant exactes les déclarations quantitatives, il doit simplement faire sécher un échantillon de l'engrais qu'il achète, en le pesant avant et après l'opération. La différence qu'il trouvera dans le poids sera précisément la proportion d'engrais qu'on lui aura vendu sans la lui livrer, attendu que l'eau contenue dans la marchandise n'est pas de l'engrais.

Il y a certaines substances, comme le noir animal, par exemple, qui sont inaltérables à l'air, et que l'on ne prend pas la peine d'emmagasiner. Exposées à la pluie, elles en retiennent une forte proportion. Si on les achète au poids, il est évident qu'on éprouve un déchet souvent considérable.

Pour mettre le cultivateur, autant que possible, à l'abri des abus de ce genre qui peuvent se commettre, il serait à désirer que les administrations exigeassent que les analyses fissent connaître, non seulement les proportions de matières utiles contenues dans les engrais, mais encore *et surtout* celle d'humidité dont on ne tient pas compte, et qui sert à couvrir de coupables fraudes.

Le moins cher de tous les engrais commerciaux, c'est évidemment le chiffon de laine qui, au prix actuel de 11 fr. les 100 kilogrammes rendus ici, et dosant 15 à 18 0/0 d'azote, le laisse de 60 à 75 cent. le kilogramme. Malheureusement cet engrais n'est pas abondant et son prix tend à s'élever tous les jours. Dans ma pratique, quoique le chiffon soit plus lentement décomposable, je l'assimile au fumier pour le calcul de l'absorption par les récoltes.

Après les engrais azotés viennent ceux qui ne le sont pas ou qui ne le sont que très-peu. Le plus important parmi eux, celui qui est le plus employé en Bretagne, c'est le noir animal résidu de sucreries. L'excellent effet qu'il produit dans nos cultures et surtout dans nos défrichements de lande, où il est presque indispensable, ne peut être contesté. Mais, est-il économique ? C'est ce que je ne puis me résigner à admettre, laissant de côté toutefois la question du défrichement qui, en vue de mettre le sol en état, peut comporter des dépenses extraordinaires. Je ne veux donc parler ici que des vieilles terres dans lesquelles, à raison de son prix élevé, le noir animal ne peut, selon moi, être employé avec bénéfice.

On espérait pouvoir le remplacer avantageusement par le phosphate naturel, moins cher et presque aussi riche en acide phosphorique. Mais l'éloignement des gisements et des lieux de préparation de cette substance la rendra vraisemblablement également onéreuse pour nous.

J'en ai employé l'année dernière 2,000 kilogrammes, dont 1,000 sur froment d'automne et dont je ne puis encore rendre compte. Les 1,000 autres kilogrammes ont été appliqués en juin 1857 à 1 hectare 50 ares de blé-noir sans autre engrais et sur un terrain passablement épuisé. Une autre pièce de 80 ares a reçu 20 hectolitres de charrée également sans autre engrais ; enfin, une bonne fumure d'étable a été donnée au reste de ma culture de blé-noir.

Le blé-noir phosphaté s'est montré très-vigoureux pendant toute sa végétation ; mais il n'a pas plus grainé que les deux autres ; il n'est pas non plus resté au-dessous. Du reste, l'année a été mauvaise pour tous.

Les 15 hectolitres de grains produits par la culture au phos-
phate valant. . . . . 135ᶠ »
et la paille. . . . . 12 »
                                                                ―――――
                                                                147ᶠ »
D'autre part, le phosphate employé ayant coûté. . . 132 »
                                                                ―――――
              Il reste. . . . . 15ᶠ »

pour couvrir le loyer, le travail, les frais généraux et même l'épuisement du sol, car le phosphate ne saurait empêcher que cet épuisement, relativement aux matières azotées principalement, ne fût le même que dans les pièces où il n'est pas employé.

Il suit de là que les engrais incomplets, comme le phosphate natif, celui des os, etc., ne procurent aucun avantage lorsqu'ils sont aussi chers. Si, au lieu des 1,000 kilogrammes de phosphate que j'ai appliqués à mon blé-noir, j'avais pu employer 40 mètres cubes de mon fumier, même au prix de 2 fr. 90 c. l'un, je n'aurais pas dépensé davantage, et j'aurais retrouvé dans mon sol, après l'enlèvement du sarrasin, environ 32 mètres cubes de ce même fumier qui profiteraient à la culture suivante, tandis que celle au phosphate seul ne laisse rien après elle, sinon la partie de ce sel qui n'a pas été enlevée par la récolte, mais qui ne dispense pas de rapporter dans le sol des engrais azotés pour réparer son épuisement.

Il ne faut pas conclure de là que les phosphates provenant soit des os, soit des coprolytes, doivent dans tous les cas être considérés comme onéreux. Mon avis est qu'ils le sont plus particulièrement lorsqu'ils ne sont pas unis à des matières azotées, comme dans l'expérience que je viens de citer; mais je pense que dans nos contrées, où le calcaire manque presque absolument, ce sera toujours une bonne pratique, quoique un peu coûteuse, d'en associer à nos fumiers d'étables et surtout à certains engrais commerciaux, tels que les chiffons, le sang, certains nitrates ou certains sels ammoniacaux qui se distinguent par la forte proportion d'azote qu'ils contiennent.

On peut arriver à peu près au même but en employant simplement la chaux ordinaire; seulement, il est fâcheux pour nous que nous ne puissions nous la procurer que difficilement et à un prix élevé. Ma culture de 1857 n'en a reçu que vingt-cinq barriques à l'état de compost appliqué à mes trèfles sur froment; j'en ai trente-deux barriques préparées pour être prochainement employées de la même manière. Je ne puis aujourd'hui traduire son effet spécial par des chiffres, parce que le temps m'a manqué pour me livrer à toutes les recherches que comporte cette intéressante question; seulement, je crois pouvoir dire que sans elle le succès du trèfle est beaucoup plus incertain, et qu'il ne paraît pas douteux qu'elle favorise à un haut point le développement du grain dans le froment. Il est constant qu'à l'aide de la chaux, on parvient à obtenir cette céréale sur bien des sols qui jusque là n'avaient pu produire que du seigle.

On a vu, dans mes comptes de froment et de méteil, que j'ai employé sur quelques pièces de ces deux grains :

20 hectolitres d'engrais breton.

673 kilogrammes de guano.

445 — de sel ordinaire, mélangé avec le guano.

Je vais analyser l'effet produit par ces engrais artificiels. Pour simplifier, je restreins mes calculs à une pièce de 1 hectare 40 ares de froment semé après avoine, pratique vicieuse, mais exceptionnelle et commandée par les circonstances, comme je l'ai déjà dit. Cette pièce n'a reçu pour toute fumure que

250 kilogrammes de guano dosant, en azote. 35 k.   »
200   —   de sel   *id.*   *id.*   0   »
13 hectolitres engrais breton (780 k.) *id.*   31   200

Ensemble......... 66   200

L'aliquote d'absorption de guano et d'engrais breton par les récoltes n'étant pas encore bien établi, je ne puis déterminer ici *à priori* celui qui se rapporte au froment dont je m'occupe en ce moment. Nous savons seulement, par les expériences de MM. Rieffel et Bodin, que la proportion de guano absorbée par le froment varie entre 40 et 50 0/0, selon les quantités plus ou moins fortes d'engrais employées. Je ne puis donc procéder que par induction.

La pièce dont il s'agit avait produit, l'année précédente, 40 hectolitres d'avoine qui, grain et paille, ont dû enlever à la fertilité du sol 48 kilogrammes d'azote, ou l'équivalent de 24 mètres cubes de mon fumier.

L'aliquote d'absorption étant 0 50 de la richesse totale, il s'ensuit que celle-ci devait être de 96 kilogrammes d'azote, et qu'elle s'est trouvée réduite à 48 kilogrammes.

L'aliquote du froment avec sa paille étant 28 de la fertilité, les 48 kilogrammes d'azote restant dans le sol ne pouvaient donc plus produire que 6 hectolitres 72 litres de ce grain.

Or, son produit ayant été de 28 hectolitres, la différence de 21 hectolitres 38 doit donc être considérée comme le produit exclusif de l'engrais artificiel.

Ces 21 hectolitres 38 litres ayant enlevé 42 kilogrammes 760 grammes d'azote aux 66 kilogrammes 200 grammes apportés par cette fumure, l'aliquote serait donc de 64 à 65 0/0, et par conséquent, plus élevé que celui trouvé par les honorables et savants expérimentateurs cités plus haut.

Ce qui peut expliquer cette différence, c'est l'addition faite à mon guano de 200 kilogrammes de sel commun, addition qui, dit-on, augmente beaucoup l'effet utile de l'engrais, sans doute en réagissant sur ses parties constituantes et en le rendant plus complétement assimilable. L'utilité de ce mélange se trouve donc démontrée par là, si tant est que le froment ne puisse réellement pas absorber au-delà de 40 à 50 0/0 de l'azote du guano lorsque ce dernier est employé seul, ce que je crois vrai. Il faut observer ici que la fumure se compliquait au cas particulier de 780 kilogrammes d'engrais breton, ce qui ne permet pas de préciser exactement l'azote fourni par chacune de ces deux espèces d'engrais, la proportion de 64 à 65 0/0, déduite plus haut, s'appliquant à toutes les deux réunies. Tout porte à croire qu'elle a été plus forte sur le guano que sur l'engrais de poisson.

Les 21 hectolitres 38 litres de froment dus à la fumure artificielle valant.............................. 342f 08
et cette fumure ayant coûté......................... 214 20

Il reste pour les frais de culture, etc............... 127f 88

Mais si, au lieu de recourir à cette fumure artificielle, comme j'y ai été obligé par l'insuffisance de mes engrais d'étable, j'eusse pu mettre ma terre en état avec ces derniers seulement, les 21 hectolitres 38 litres de froment n'en eussent consommé que 21 m. c. 38, qui, à 2 fr. 90 c. l'un, n'eussent coûté que 62 fr., au lieu de 214 fr. 20 c.

Il résulte de là qu'à l'exception peut-être des chiffons de laine, aucun engrais artificiel azoté ne peut remplacer avantageusement le fumier d'étable, lorsque celui-ci est produit dans de bonnes conditions. Mais lorsqu'on n'en a pas en quantité suffisante, on peut le suppléer plus ou moins économiquement par des engrais commerciaux : dans ce cas, il sera possible que les récoltes soldent encore par un bénéfice. Ce qui me paraît hors de doute, toutefois, c'est que ce bénéfice ne sera jamais aussi élevé que lorsque la récolte, en la supposant égale dans les deux cas, ne sera due qu'au fumier.

Je ne puis aujourd'hui faire connaître l'effet produit par les chiffons que j'ai employés, si ce n'est pour une petite partie enterrée en 1857. Mon précédent compte-rendu, page 48, cite 800 kilogrammes de cet engrais donnés à 40 ares de pommes de terre, comparativement à 80 mètres cubes de fumier répandus sur 1 hectare de ces tubercules. A surface égale, la récolte a été sensiblement la même dans les deux parties; mais comme elle n'a pas très-bien réussi, ni sur un point, ni sur l'autre, peut-être l'expérience n'est-elle pas bien concluante. L'orge, qui a succédé, se montre également belle partout.

§ 4. — Engrais vert.

J'ai fait, en 1856, une application de cette fumure en enfouissant du sarrasin, qui a produit un bon effet.

J'ai répété cette opération, en octobre dernier, sur 1 hectare 5 ares, où j'ai semé en lignes neuf variétés de froment, la plupart anglaises, auxquelles j'ai donné en outre 950 kilogrammes de phosphate naturel, 55 kilogrammes de guano, 50 kilogrammes de sel, 4 hectolitres de charrée, c'est-à-dire tout ce que j'ai pu rassembler en engrais de ce genre.

La levée a été magnifique, sauf sur quelques points, où une humidité que je n'avais pas prévue, ne connaissant pas encore très-bien la pièce, a causé un certain dommage.

Mais, quelque utile que puisse être ce genre de fumure, je persiste, en ce qui le concerne, dans tout ce que j'en ai dit dans mon précédent compte-rendu. Il est bien préférable, à mon avis, au lieu d'enfouir la plante, de la faire manger par le bétail. Elle rend ainsi un fumier tout aussi bon, et à peu de chose près aussi abondant, sans compter d'autres produits.

animaux. Elle peut en outre, par ce moyen, supporter le loyer qui affecte sa culture, tandis qu'enfouie, ce loyer et tous les autres frais qu'elle occasionne tombent à la charge de la récolte à laquelle elle profite.

Il est vrai de dire, cependant, qu'un bon système de fumure verte peut être la base d'une prospérité toujours croissante. Mathieu de Dombasle en cite un exemple qui mérite d'être connu dans nos contrées : Un fermier, nommé Leroy, se fit une loi rigoureuse, durant toute sa carrière, d'enfouir chaque année la seconde coupe de ses trèfles, si belle qu'elle fût, ce qui fut pour lui une source de fortune. Ce fait, qui ne peut être révoqué en doute, témoigne certainement de l'efficacité des fumures vertes, surtout quand elles ont pour objet des plantes qui, comme le trèfle, croissent en partie aux dépens de l'atmosphère. Mais le même fermier aurait-il moins bien réussi, en employant sa seconde coupe de trèfle à la nourriture d'un plus grand nombre d'animaux ? A cet égard, le doute ne me paraît pas possible non plus. Concluons donc de là que la meilleure fumure sera toujours celle provenant des étables, et qu'il vaut mieux produire des fourrages pour les animaux que pour les enfouir, sauf cependant les exceptions que chaque règle comporte.

PRIX COUTANT

du Froment et des principales denrées alimentaires

A TRÉCESSON,

pour servir de Conclusions aux chapitres précédents,

La question du prix coûtant du froment et des principales denrées alimentaires ayant soulevé dans ces derniers temps une vive polémique dans la presse agricole, je ne crois pas inutile de lui consacrer ici quelques lignes susceptibles de faciliter sa solution, au moins pour toute exploitation placée dans les mêmes conditions que la mienne. En le faisant, je ne sortirai pas des bornes que doit avoir mon compte-rendu, puisque la discussion que je vais ouvrir n'est en quelque sorte que la conclusion de tout ce qui précède.

Mon intention, toutefois, est de ne prendre parti ni pour ni contre aucun des nombreux calculs qui ont été publiés vers la fin de l'année dernière, calculs souvent disparates, qui tous peuvent être vrais cependant, mais qui ne prouvent absolument rien contre d'autres cultures que celles auxquelles ils s'appliquent.

Il en est évidemment de même de ceux que je vais produire, qui sont particuliers à Trécesson, et qui ne peuvent en aucune façon se rapporter à une autre exploitation qui ne serait pas identiquement, à tous égards, dans la même situation. Or, rien n'étant moins commun que cette identité parfaite, il doit se produire des variantes à l'infini.

Mais au point de vue de l'économie politique, la question

doit être envisagée sous un autre aspect, parce que la culture
est gouvernée par des principes dont l'application toujours fi-
dèle, dans une situation donnée, doit produire chez tous ceux
qui participent à cette situation des résultats à fort peu de
chose près semblables.

Ainsi, lorsqu'un cultivateur obtient son froment à un prix
moins élevé que son voisin, alors que les conditions principales de la production, telles que sol, climat, loyer, prix de
main-d'œuvre, etc., sont sensiblement les mêmes, c'est évidemment parce que les procédés de l'un sont meilleurs que
ceux de l'autre, en leur supposant d'ailleurs à tous les deux
la même somme de capitaux.

Le prix coûtant dépend donc autant du système de culture
et même de la capacité du cultivateur, que de la nature des
choses.

On comprend que je n'entends parler ici que du prix coûtant vrai, et non de celui qui pourrait ressortir de calculs hypothétiques, erronés ou incomplets. Celui que j'ai en vue
doit résulter nécessairement de la liquidation de tous les
comptes, sans exception, ouverts dans l'exploitation aux
agents et aux moyens consacrés à la production de la denrée
qui forme le but principal de l'entreprise.

Je n'admets pas, par exemple, que cette denrée puisse être
grevée d'un bénéfice prélevé par les animaux, les fourrages,
le fumier, etc., parce que, comme je l'ai dit, ils ne sont ni
les uns ni les autres l'objet d'une spéculation spéciale, et que
tous ne peuvent être employés que plus ou moins économiquement dans l'intérêt d'une œuvre finale.

Si le maître de forges, sous le prétexte qu'il a pu se les procurer au-dessous de leur valeur commerciale, estimait son
minerai, son charbon, ses gueuses, plus qu'ils ne lui coûtent,
pour établir sur de telles bases le prix de revient de son fer,
il est évident qu'il accuserait un résultat qui ne serait pas
vrai.

6

Il en serait de même du cultivateur qui dissimulerait des bénéfices réalisés sur ses moyens de production pour faire ressortir une perte ou un moindre profit sur son produit fabriqué.

Sous ce rapport, la publication des résultats obtenus sur plusieurs points, avec indication des éléments qui les ont fournis, doit avoir un effet utile très-grand, en ce qu'elle présente à tous des enseignements qui peuvent conduire à d'importantes améliorations ceux qui sont encore en arrière, ou qui peuvent maintenir dans la bonne voie ceux qui ont le bonheur d'y être entrés.

J'ai fait moi-même mon profit de tout ce que j'ai lu sur cette intéressante matière, et je souhaite que ce que je vais dire à mon tour trouve aussi quelques personnes disposées à le goûter.

Les éléments de mon prix de revient sont comme partout :

A Le loyer de la terre et les semences ;

B Le travail des hommes et des attelages ;

C La valeur du fumier consommé ;

D Le dépérissement du matériel et les frais généraux.

Je ne parle ici ni des impositions qui sont ordinairement comprises dans le loyer, ni des sinistres accidentels qui doivent rester en dehors d'un calcul normal, parce que ce sont eux-mêmes des faits anormaux. Du moins, s'ils y entrent, ne devraient-ils le faire que pour la valeur de la prime d'assurance. Du reste, les sinistres qui réduisent les produits, comme la grêle, les inondations, entrent nécessairement en ligne de compte, par cela même que les récoltes n'y figurent plus que pour une moindre valeur. S'il s'agit de la perte d'un animal, cette perte, frappant dans ma comptabilité la catégorie à laquelle elle se rapporte, réagit sur le prix du fumier et grève d'autant celui des denrées.

A. — Loyer et Semences.

Chez moi, le loyer est porté en compte pour ce qu'il coûte réellement, en le répartissant sur toutes les cultures au prorata de leur étendue, et selon le plus ou le moins de qualité du sol. Ici les terres arables sont, en moyenne, chargées de 40 fr. par hectare et les prés de 65 fr. Il n'y a dans ces chiffres rien d'arbitraire ni rien d'inexact. Du reste, si l'on pouvait supposer que les terres sont favorisées au détriment des prés, ou réciproquement, on ne tarderait pas à reconnaître que le prix de revient du froment n'en peut en aucune façon être affecté. En effet, un trop fort loyer à la charge des prés aurait pour effet d'augmenter le prix du foin, par suite, celui du fumier ; et en dernière analyse, celui du grain. Ce dernier rendrait donc par là ce dont il aurait bénéficié par l'allégement du loyer mis à sa charge. Quant aux semences, elles figurent dans tous mes comptes pour ce qu'elles coûtent en réalité.

B. — Travail.

Je ne porte pas dans mes comptes, comme le font la plupart des formules qui ont été publiées, tant pour labour, tant pour hersage, moisson, battage, etc., parce que j'ai la conviction qu'en procédant ainsi, on ne donne jamais que des chiffres hypothétiques, attendu que le labour d'une pièce dans la même exploitation peut coûter plus ou moins que celui d'une autre, etc. ; mais j'ai un livre d'ordre sur lequel le travail de chaque jour est inscrit régulièrement et exactement en présence de tous mes apprentis et de mes agents, puis appliqué pour une valeur déterminée à chacun des comptes auxquels il se rapporte. J'ai pour cela un autre livre présentant une colonne pour chaque compte. A la fin du mois, chaque colonne est additionnée, et son total fait l'objet d'un article à mon journal et à mon grand-livre.

Ainsi, je ne me préoccupe pas de ce que me coûtent mes labours, mes hersages, mais je sais toujours, à 01 c. près, le coût du travail pour chaque espèce de culture, aussi bien pour celui fourni par mes apprentis que pour celui de mes animaux.

A la vérité, mes apprentis n'étant pas rétribués, l'estimation de leur travail est arbitraire : je l'ai fixée à 05 c. par heure au profit de la Ferme-Ecole que j'en crédite. C'est bien tout ce qu'il vaut comparativement à celui des journaliers du pays, dont le salaire est de 75 c. pour une journée de onze heures, celle de mes apprentis n'étant effectivement que de huit heures, quoiqu'elle soit comptée pour neuf. Et puis chacun sait que des jeunes gens, la plupart très-faibles et inexpérimentés, ne peuvent fournir la même somme de travail que des hommes faits. Lorsqu'ils labourent, fauchent ou sèment pour la première fois, ils font souvent de pauvre besogne, et qui, malgré le bas prix de leur main-d'œuvre, finit par coûter fort cher. Le taux de 05 c. par heure me paraît donc être une expression équitable de sa valeur.

Quant au prix du travail de mes animaux, il est également arbitraire. Mais on va voir que le coût de mes denrées n'en peut nullement être influencé.

En effet, les bêtes de trait, dans toute exploitation agricole, sont appelées à fournir deux produits principaux, — du travail et du fumier, — dont la valeur doit être la compensation exacte de la dépense de ces animaux qui, je le répète, ne sont entre les mains du cultivateur que de simples instruments pour produire les denrées qui constituent le but essentiel de l'entreprise.

Or, si la valeur attribuée au travail des animaux est trop élevée, le prix de leur fumier ressortira à un taux plus avantageux, et réciproquement.

Donc l'évaluation de ce travail, quelle qu'elle soit, est indifférente, si l'on a soin, en dernière analyse, de ne grever la culture, tant pour ce chef que pour celui du fumier, que de ce que les animaux coûtent réellement pour leur entretien.

C'est précisément là ce que je fais.

Mais je vois des formules dans lesquelles le travail et le fumier ne figurent point pour leur prix de revient réel, mais bien pour ce qu'on les paierait en les achetant au dehors. Cette manière de compter n'est pas exacte, parce que ces sortes de choses ne s'achètent point ordinairement, et que, si l'on veut connaître le coût vrai d'une culture, on ne doit pas la grever de bénéfices prélevés par un intermédiaire inutile ou qui ne figure que pour la forme. N'est pas cultivateur celui qui n'a ni animaux ni fumier pour faire valoir sa terre.

C. — Fumier.

De ce que je viens de dire, il est facile de conclure ce qui concerne le prix du fumier dont les récoltes doivent être chargées. Ce prix est exactement le chiffre qui, avec celui du travail, quelle que soit son évaluation, et les autres produits des animaux, balance les dépenses de ces derniers.

Les bêtes de trait ne sont pas les seules employées dans la fabrication du fumier. Le bétail de rente y contribue aussi dans une proportion plus ou moins forte. C'est là et ce doit être là sa principale mission chez le cultivateur. Il est bien évident que le fumier de ma vacherie me coûte tout ce qu'elle a dépensé, moins son produit en lait, veaux, etc. Il n'en serait pas de même si j'étais simplement nourrisseur à la porte d'une grande ville, où le lait deviendrait produit principal, tandis que le fumier ne serait plus qu'un accessoire.

Ainsi, le prix vrai de mon fumier n'est pas et ne peut pas être celui que lui indique le compte d'ordre qui lui est ouvert dans ma comptabilité, mais bien uniquement, comme j'ai déjà eu l'occasion de le dire, le résidu de la liquidation du compte des fourrages et de celui des animaux.

Par conséquent, les sommes qui figurent au débit de denrées principales, à titre de consommation de fumier, doivent en être retirées et remplacées par le prix vrai de cet engrais, établi d'après les principes qui précèdent.

Or, en nous reportant au chapitre du fumier, nous trouvons que non seulement ce prix est zéro, mais encore que les denrées principales doivent bénéficier du petit reliquat de 133 fr. 08 présenté pour ce compte. Il s'agit donc de répartir cette somme entre elles au prorata de leur consommation de cet engrais, qui est :

Pour le froment de.	89 m. c.	50	
— le méteil.	85	50	
— l'orge.	10	15	257 m. c. 70
— le sarrasin.	37	25	
— les pommes de terre.	35	30	

Par conséquent, l'allocation à faire à chacun de ces comptes sera : 1° de 52 c. par mètre cube pour la répartition de ces 133 fr. 08, et de 4 fr. aussi par mètre cube pour retrait de la fumure dont ils ont été grevés : ensemble, 4 fr. 52.

Le seul point qui, dans mes déductions, ne soit pas mathématiquement prouvé, c'est le chiffre des consommations d'engrais par les récoltes. Mais, jusqu'à ce qu'il me soit démontré qu'il est erroné, je le dois conserver, parce qu'il repose sur un principe vrai, et que jusqu'ici il a pour lui, chez moi, la sanction de l'expérience. Mon compte d'engrais en terre en fait foi. Les bases que j'ai adoptées sont, en tous cas, beaucoup plus rationnelles que la méthode suivie par quelques agronomes et qui consiste, par exemple, à mettre un tiers ou la moitié de la fumure à la charge du froment, quelle que soit l'importance de sa récolte. Pourquoi une fraction fixe, invariable, plutôt que toute autre fraction ? Sur quelle base repose sa détermination ? Je sais bien qu'au fond, cela ne peut tirer à aucune conséquence, quand on a soin de ne pas laisser figurer au compte des engrais en terre du fumier qui est consommé par les récoltes. Mais cette méthode peut avoir l'inconvénient de présenter les comptes de culture sous un jour qui n'est pas vrai, en attribuant aux uns des bénéfices et aux autres des pertes qui ne sont point exacts, ce qui peut conduire à des déterminations préjudiciables. Il est donc plus logique, selon moi, de charger chaque récolte de sa consommation réelle de fumier, suffisamment révélée par la composition chimique des plantes, composition à peu près identique à celle de l'engrais, dont elle n'est après tout qu'une simple transformation. Si cette méthode n'exerce aucune influence sur les résultats définitifs, elle a du moins l'avantage d'être plus exacte dans ses détails et d'empêcher de fausses appréciations.

D. — *Frais généraux.*

Toutes mes cultures sont grevées de la part des frais généraux qui leur incombe. J'ai pris pour base de cette répartition leur importance financière ou le débit de leur compte respectif. Peut-être cette base laisse-t-elle quelque chose à désirer ; mais il serait difficile d'en trouver une plus juste : celle de l'étendue ne le serait pas davantage. La répartition du dépérissement du matériel a eu lieu d'après le même principe. Ce dépérissement est évalué en moyenne à 8 0/0 de la valeur capitale, ce qui, je pense, est suffisant.

PRIX DE REVIENT DU FROMENT.

Le compte que j'ai donné plus haut de cette culture, établit qu'elle m'a coûté. 1,715ᶠ 68

Dont il faut déduire :

1° Pour la valeur de la paille et des
criblures. 311 » ⎫
2° 89 m. c. 50 de fumier à 4 fr. 52, en ⎬ 715 54
y comprenant une part proportionnelle ⎪
dans le bénéfice de 133 fr. 08. . . . . . . 404 54 ⎭

RESTE. 1,000ᶠ 14

représentant le prix coûtant de 406 hectolitres de froment, ce qui fait ressortir chacun d'eux à 9 43

En opérant de la même manière pour les autres denrées qui précèdent, on trouvera que

Le méteil ressort à 6 97 1/2

L'orge à 3 96 1/2

Le sarrasin à 12 23

Les pommes de terre à 2 94

Mais il faut remarquer que ces récoltes ne sont chargées de rien pour mon travail de direction, ni pour les soins voués à mon exploitation par les membres de ma famille, toutes choses qui ont cependant une valeur donnant droit à une rémunération. Mais comme, dans mon opinion, cette rémunération, éventuelle de sa nature, ne peut être que la différence entre le prix de revient et celui de vente, je ne crois pas qu'elle doive figurer à la charge des cultures.

Cependant si, au lieu de les diriger moi-même, je les confiais aux soins d'un régisseur, il est certain que mes denrées devraient être débitées de son traitement, et en le supposant égal seulement aux sommes dont j'ai dégrevé mes récoltes, c'est-à-dire à 1,165 fr. 88 c., il en résulterait que

Le froment me coûterait, pour 1857 . . . . 13 25

Le méteil 11 20

L'orge 7 13

Le sarrasin 14 49

Les pommes de terre 3 84

Mais c'est là une hypothèse qui sort de la règle commune, car si l'on élague d'ici tout ce qui tient à l'enseignement, une exploitation comme la mienne peut facilement être dirigée par son entrepreneur sans le secours d'aucun état-major.

On aurait tort de penser que celui de la Ferme-Ecole, ainsi que son personnel en apprentis, contribue d'une façon sensible au bas prix de revient de mes denrées. La vérité est que mes agents me rendent d'importants services, dont ma culture

n'a point à supporter le salaire; mais on ne doit pas perdre de
vue que ma tâche et la leur sont fort complexes, et que, si
elles ne se compliquaient point des nombreuses obligations qui
se rattachent à l'instruction des élèves, tous ces rouages pour-
raient être supprimés sans que l'exploitation cessât de donner
les mêmes résultats.

Quant au travail des apprentis, on verra plus loin que s'il
me procure quelques économies, elles sont de bien faible importance. J'ai crédité la Ferme-École de 3,831 fr. 55 c. pour
toute la main-d'œuvre qu'elle m'a fournie en 1857; or, j'ai la
conviction, et je pense qu'il ne me sera pas difficile de la faire
partager à la majorité de mes lecteurs, que j'aurais pu, avec
la même somme employée à salarier de bons domestiques et
de bons journaliers, obtenir largement la même quantité de
travail, beaucoup mieux exécuté. Une exploitation de l'étendue de la mienne ne comporte pas, en effet, de plus grands
déboursés de cette nature, surtout lorsque la culture est encore aussi peu intensive qu'elle l'est à Trécesson.

Ainsi, si le prix de revient de mes denrées principales ne
ressort pas à un taux aussi élevé que dans la plus grande partie
des comptes qui ont été publiés, il ne faut pas l'attribuer à la
circonstance exceptionnelle de l'existence d'une Ferme-École
sur mon exploitation, mais bien uniquement à mon système
de culture; et encore faut-il remarquer que je suis bien loin
d'en avoir obtenu en 1857 tout ce qu'il peut produire.

La seule objection, non pas sérieuse, mais spécieuse, qui
puisse être faite contre mes comptes, c'est qu'ils n'établissent
aucune solidarité entre le froment et le blé-noir, ce qui fait
que le premier solde en bénéfice et le second en perte, tandis
que ce dernier, qui n'est dans ce pays que le préparateur du
froment, du méteil et du seigle, devrait confondre ses résultats avec les leurs. Je ferai, si l'on veut, cette concession,
mais en persistant à soutenir que toute jachère vive qui ne
couvre pas ses frais doit être proscrite. Au cas particulier,

mon sarrasin me revenant, comme je l'ai établi plus haut , à 12 fr. 33 et ne valant que 9 fr. , il en résulte pour moi une perte de 3 fr. 33 par hectolitre, et pour 74 hectolitres 50 litres, de 248 fr. 08 qui , répartie sur 106 hectolitres de froment et 91 hectolitres de méteil, élèvera le coût du premier à 10 fr. 69 et celui du dernier à 8 fr. 23 1/2 ; en les augmentant l'un et l'autre de 1 fr. 26.

Cette concession faite , le compte général de ma culture résumée par les quatre denrées principales énoncées dans le tableau ci-après, se liquidera de la manière suivante. Je ne fais pas figurer ici ma pépinière , qui constitue une branche d'industrie à part.

DÉSIGNATION des RÉCOLTES.	Valeur moyenne de la denrée après la récolte.	Son prix coûtant.	BÉNÉFICE par hectolitre	NOMBRE d'hectol. récoltés.	BÉNÉFICE TOTAL sur chaque denrée.
Froment...............	16ᶠ 30	10ᶠ 69	5ᶠ 61	106ᶠ »	594ᶠ 66
Méteil et seigle.....	14 25	8 23 1/2	6 01 1/2	91 »	549 91
Orge...............	10 »	3 96	6 04	14 50	87 50
Pommes de terre...	4 »	2 94	1 06	176 40	186 98
					1,419 05

Si l'on prend dans ma balance générale, qu'on trouvera plus loin , les soldes de tous les comptes de fourrages , de grains et d'animaux qui n'ont été que les moyens ou les instruments de la production de ces quatre denrées principales , et qu'on les additionne en déduisant les pertes , on trouvera absolument le même résultat à 2 ou 3 fr. près, résultant de fractions négligées dans les calculs qui précèdent.

Je ne crois pas que le prix coûtant des produits alimentaires ou industriels puisse être exactement établi d'après d'autres principes, car nul ne peut dire avec vérité que sa culture de blé perd, lorsque cette perte est compensée et au-delà par des bénéfices sur les fourrages créés, sur le bétail entretenu, non par spéculation, mais uniquement pour produire ce blé.

Dans la polémique qui s'est agitée dernièrement, bien des comptes ont établi le prix de revient du froment à 20 fr. l'hectolitre. Sans vouloir nier que ce soit là pour les auteurs de ces calculs un résultat vrai; sans prétendre davantage que ce grain ne revient pas réellement à ce taux à un grand nombre de cultivateurs, je n'en incline pas moins à croire que si les éléments d'appréciation ne sont pas erronés, le système de culture doit laisser beaucoup à désirer, car s'il a été possible, en 1857, de produire à Trécesson, dans des conditions qui n'étaient certainement pas les meilleures, le blé à 9 fr. 35 ou même à 10 fr. 69 l'hectolitre, il n'y a pas de raison pour qu'on ne le puisse obtenir au même prix dans une grande partie de la France, partout du moins où pour un loyer de 40 fr. le sol, convenablement cultivé et fumé, peut produire 20 hectolitres de ce grain. Malheureusement, en bien des localités, en Bretagne surtout, le sol ne rend pas toujours ce qu'il pourrait rendre. Est-ce sa faute, ou bien celle du cultivateur?

4ᵉ DIVISION.

AMÉLIORATIONS AGRICOLES.

Pour clore ce que j'ai à dire sur mon exploitation, il me reste à parler des améliorations que j'ai apportées dans le courant de l'année dernière, tant aux bâtiments d'exploitation qu'au sol. Je vais les résumer très-succintement.

CHAPITRE 1ᵉʳ.

AMÉLIORATIONS AUX BATIMENTS.

J'ai, dans le courant de ma campagne, terminé ma porcherie, qui se compose actuellement de dix-huit loges pouvant contenir environ cinquante porcs de différents âges.

J'ai simultanément effectué d'importantes réparations à l'étable des bœufs et des élèves bovins.

Enfin, j'ai exécuté une multitude de menues améliorations qu'il serait peut-être long et oiseux d'énumérer ici.

En résumé, mon compte de réparations et constructions, arrêté au 31 décembre 1857, solde à nouveau par 4,559 fr. 05, après amortissement de 288 fr. 84 pour une annuité égale à 1/17ᵉ du nombre des années à courir pour arriver à la fin de mon bail. Au prochain inventaire, cet amortissement sera de 1/16ᵉ, et ainsi de suite jusqu'à extinction.

Au 31 décembre 1856, ce solde n'était que de 2,400 fr. Les améliorations réalisées pendant l'année se sont donc élevées à 2,747 fr. 89.

Quoique faites avec toute l'économie possible, elles me sont bien onéreuses; mais elles complètent, à peu de chose près,

mon organisation , qui est maintenant aussi bien établie que
le comportent les lieux et les circonstances. Elles rendent le
service intérieur facile , et contribuent beaucoup à sa régula-
rité. Elles placent mon bétail dans d'excellentes conditions de
salubrité. C'était là surtout mon principal but. S'il me garan-
tit, en partie au moins, contre les maladies qui déciment si
souvent le bétail, ce sera pour moi une compensation des dépenses qu'il m'aura occasionnées. A cet égard , je souhaite
d'être toujours aussi heureux que je l'ai été l'année dernière,
puisque , comme je l'ai dit en commençant , mes pertes de
cette nature sont insignifiantes.

CHAPITRE 2.

AMÉLIORATIONS FONCIÈRES.

§ 1er.—Drainage et Irrigation.

Mes travaux de ce genre ont porté , en 1857, sur la prairie
et le jardin. Le drainage de ce dernier est à peu près terminé
et donne les meilleurs résultats.

Le verger de la Mare a été aussi drainé avec succès dans
toutes celles de ses parties qui réclamaient cet assainissement.
Si mes prévisions ne sont point fausses , et si la réalité con-
firme ce que promettent les apparences , la récolte du foin ,
dans cette pièce , sera dès cette année au moins double de ce
qu'elle était auparavant.

En somme, mon compte de drainage et d'irrigation soldait ,
au 31 décembre 1856, par...... .... 258ᶠ 75
Les travaux exécutés pendant l'année s'élèvent à. 400 25

Total.... 659 »

J'ai amorti pour 1857.......................... 39 »
En sorte que ce compte se balance à nouveau par. 620 »

Tous mes drainages sont, comme précédemment, exécutés, avec de la pierre, et ont généralement une profondeur de 1 mètre à 1 mètre 20. Chaque jour l'expérience me prouve que, sans être plus coûteuse que les tuyaux, la pierre, lorsqu'on l'a sur place, présente d'aussi grands avantages et moins d'inconvénients.

Le même compte comprend, mais sans les distinguer, les irrigations nouvelles qui ont été établies dans le courant de l'année. Toutefois, il ne s'agit ici que des travaux à demeure, tels que canaux, rigoles, etc. Quant à l'irrigation ou arrosage proprement dit, ses dépenses sont portées au compte de la récolte de l'année.

§ 2. — Plantations.

Celles que j'ai faites en 1857, et qui consistent presque toutes en pommiers, soldent, au 31 décembre, par 168 fr. 25.

Elles ont eu pour objet principal un verger que j'ai créé dans le voisinage de l'habitation, et pour le surplus, le remplacement de quelques pommiers morts dans les domaines.

§ 3. — Clôtures.

Elles ont donné lieu à une dépense de 63 fr. 05. Amorties, en grande partie, elles ne figurent plus à l'inventaire que pour 17 fr. 75.

§ 4. — Défrichements.

Mes nombreux travaux de 1857 ne m'ont pas permis de continuer le défrichement que j'ai commencé en décembre 1856. Je n'ai pu y remettre la main qu'au commencement de cette année. Il n'en sera donc de nouveau question que dans mon compte-rendu de 1858.

5ᵉ DIVISION.

FERME-ÉCOLE.

J'ai peu de chose à dire cette année. Elle suit la même marche et se trouve à peu près dans la même position qu'en 1856.

Au 1ᵉʳ janvier 1856, j'avais vingt-cinq apprentis titulaires et un surnuméraire.

Le 30 avril suivant, époque du renouvellement de l'année scolaire, deux apprentis ayant terminé leurs études, ont été remplacés par neuf titulaires et trois surnuméraires. Cet effectif s'est peu après réduit à vingt-huit titulaires et un surnuméraire, chiffre existant à la fin de l'année.

La cherté des subsistances, pendant les huit premiers mois de 1857, a rendu très-lourdes les charges de l'établissement. Elles se résument ainsi :

1° Compte de ménage : Pour 10,725 journées de nourriture d'apprentis, gage et nourriture d'une cuisinière, main-d'œuvre spéciale pour la cuisine et le service du réfectoire, éclairage, chauffage, blanchissage, salaire du boulanger, luminaire de la chapelle, etc.............................. 7,634ᶠ 65

2° Partie du loyer à la charge de la Ferme-Ecole. 400 »

A reporter........ 8,034 65

Report	8.034	65
8° Reliure et remplacement de livres de la bibliothèque perdus sous mon prédécesseur	80	87
4° Papier, plumes, encre, etc, pour la salle d'étude	52	55
5° Intérêt du capital consacré à la Ferme-Ecole.	400	»
6° Valeur d'un cheval abandonné aux études et pour faire un squelette	60	»
7° Impression du compte-rendu de 1856, défalcation faite de l'allocation départementale	150	50
8° Dépérissement du mobilier	162	35
9° Amortissement des réparations spéciales à la Ferme-Ecole	20	»
10° Sa part dans les frais généraux	134	35
11° Service de santé	147	05
	9,242	32

PRODUITS :

Allocations ministérielles pour la pension des apprentis	5,028	71	
76,639 heures de travail des apprentis, à 05 c	3,831	55	8,860 26

PERTE 382ᶠ 06

Le Gouvernement m'allouant un traitement de 2,400 fr., dont je crédite également la Ferme-Ecole, bien que ce soit une rémunération personnelle, il s'ensuit que cet établissement me procure, pour 1857, un bénéfice net de 2,017 fr. 94, produit uniquement par mon traitement que, cette année encore, je n'ai pu retirer intégralement. Cependant, l'ordre le plus rigide, les soins les plus actifs consacrés par les membres de ma famille à la gestion du ménage, y ont apporté toute l'économie conciliable avec les circonstances.

Quoique le service de santé ait occasionné une dépense assez forte, aucune maladie sérieuse ne s'est déclarée dans l'Ecole. Le médecin et le pharmacien n'ont eu à soigner que des indispositions sans gravité, dues le plus souvent à des imprudences que la surveillance la plus attentive ne peut pas toujours empêcher.

La situation morale de l'Ecole a été aussi satisfaisante que possible pendant l'année 1857. Sauf quelques pécadilles réprimées par le retrait de bons points, la conduite des élèves n'a donné lieu à aucune plainte grave. Chacun d'eux a fait son devoir avec un zèle plus ou moins soutenu, et presque toujours proportionnel à la surveillance exercée. Le caractère des apprentis, en général, se distingue ici par une assez grande docilité. Mais tous ne font que ce qui leur est commandé. Il ne faut point en attendre cette initiative, ces soins de toutes choses qui ne se rencontrent guère que chez des hommes raisonnables et dévoués. Le matériel entre leurs mains, quelque solide qu'il soit, n'est pas de longue durée, et ce n'est pas là l'une des moindres charges de l'établissement.

Au point de vue religieux, la conduite de l'Ecole ne laisse rien à désirer.

A celui de l'instruction, les résultats ne sont pas tout-à-fait aussi satisfaisants, malgré toutes les peines que se donnent les divers agents chargés de l'enseignement. La cause en vient de ce que le plus grand nombre des apprentis m'arrive dans un état complet d'ignorance, ne sachant ni parler, ni même comprendre la langue française.

Cependant, malgré ces graves difficultés, des progrès sérieux ont été accomplis et s'accomplissent tous les jours. Le procès-verbal des derniers examens en fait foi. J'en rends grâces au zèle et au concours dévoué de tous les professeurs attachés à l'établissement.

7

SITUATION FINANCIÈRE DE L'ÉCOLE.

L'Etat alloue à chaque apprenti une prime annuelle de 75 fr., dont les deux cinquièmes sont distribués dans le courant de l'année et les trois autres cinquièmes forment une réserve déposée à la Caisse des consignations, pour être distribués aux apprentis à la fin de leurs études, et au prorata des bons points qu'ils ont obtenus.

Le compte de cette réserve s'élevait, au 31 décembre, à 3,628 fr. 74.

6ᵉ DIVISION.

COMPTES DIVERS.

Mon intention comme mon devoir étant de présenter un compte-rendu complet, je ne dois rien omettre de ce qui peut avoir une influence directe ou indirecte sur mes résultats. C'est pourquoi je résume ici quelques comptes qui compléteront le tableau de mon administration.

§ 1ᵉʳ. — Frais généraux.

Ce compte est chargé des intérêts de mon fonds de roulement, qui, à eux seuls, sont de 2,109 fr. 55; des assurances, des contributions et prestations; de l'entretien d'un cheval pour le service de la maison, des frais de foires, voyages, bureau et correspondance; des abonnements à quelques publications agricoles et politiques; enfin, d'une multitude de menues dépenses qui n'ont pas de nom et qui, réunies à celles qui viennent d'être mentionnées, donnent, pour l'année, un total de 4,309 fr. 64, défalcation faite de 673 fr. pour une partie des frais du bail et rapportés à nouveau pour être imputés sur les années à venir.

Ces 4,309 fr. 64 ont été répartis dans une proportion aussi équitable que possible sur tous les comptes qui devaient les supporter. Peut-être ces frais pourront-ils un peu se réduire à l'avenir.

§ 2. — Main-d'œuvre.

La main-d'œuvre salariée employée dans l'année a donné lieu à une dépense totale de 2,915 fr. 20, à laquelle les con-

structions et réparations participent extraordinairement pour
1,142 fr. 49, non compris quelques travaux effectués par entreprise : le matériel, pour 168 ff. 06, et le bois d'œuvre, pour
115 fr. 05. Le reste consiste en dépenses ordinaires et principalement en gages de domestiques, d'une vachère, d'un porcher, etc., qui tombent à la charge du ménage, de la vacherie, de la porcherie, des denrées en magasins, etc.

Ce compte, pour l'avenir, se réduira beaucoup par suite de
l'avancement de mes constructions et de la suppression du
porcher, remplacé par deux apprentis.

§ 3. — Denrées en magasin.

Celles qui existaient à l'inventaire de 1856 et celles qui sont
entrées pendant 1857 s'élèvent ensemble à. . . . . . . 21,123ᶠ »

Les denrées vendues et consommées
ont produit. . . . . 13,950 25 } 21,202 90
Celles inventoriées le 31 décembre
dernier valaient . . . . 7,252 65 }

Ce compte présente un léger bénéfice de 79 90

Il a été chargé de 375 fr. pour intérêts d'un roulement moyen
de 7,500 fr.

Toutes les denrées inventoriées sont estimées au cours du
31 décembre 1857. Le petit bénéfice qui ressort de ce compte
prouve que mes évaluations à la récolte n'ont pas été exagé-
rées, au moins en moyenne.

§ 4. — Bois d'œuvre.

Ce compte ne comprend que les bois achetés et débités pour
mes constructions. Il solde sans bénéfice ni perte.

§ 5. — Fournitures d'Elèves.

Il en est de même pour celui-ci. Ce compte a pour objet des

étoffes et des chapeaux que je tire de première main pour l'uniforme de mes apprentis, à qui je les livre au prix coûtant.

RÉSULTAT FINAL.

Le résumé le plus concluant de toute entreprise, c'est le tableau général de ses *profits et pertes*. Je donne ici celui de ma campagne de 1857 pour clore mon compte-rendu.

COMPTES EN BÉNÉFICE.

Vacherie.......................	688f 66
Pépinière.......................	636 24
Denrées en magasin	79 90
Élèves bovins..................	18 46
Pommes de terre...............	32 42
Avoine........................	109 93
Topinambours..................	129 24
Prairie.........................	602 40
Ferme-École....................	2,017 94
Froment........................	326 32
Choux..........................	40 98
Ajoncs.........................	396 50
Pommiers et cidre..............	10 55
Trèfle..........................	306 65
Fourrages divers...............	63 34
Navets.........................	3 35
Bêtes à laine..................	93 50
Méteil et seigle...............	276 44
Volailles.......................	35 45
Orge...........................	41 57
Âne............................	18 "
	5,927f 64

COMPTES EN PERTE.

Bœufs..	135ᶠ 65
Porcs..	512 30
Taureaux..................................	469 59
Sarrasin..................................	409 40
Carottes..................................	57 25
Rutabagas.................................	56 20
Cultures diverses.........................	19 75
Chevaux...................................	87 94
	1,747ᶠ 78

BALANCE.

Total des bénéfices........................	5,927ᶠ 54
Id. des pertes...........................	1,747 78
Bénéfice net..............	4,179 76

Ce bénéfice est indépendant de l'intérêt de mon fonds de roulement passé au compte des frais généraux; mais il doit se réduire du montant des dépenses de mon ménage particulier, dont je n'ai pas cru devoir charger mon exploitation ni la Ferme-Ecole, bien que j'aie abandonné à celle-ci mon traitement de directeur.

La Ferme-Ecole intervenant dans le résultat net pour...................................... 2,017ᶠ 94 ma culture, tous intérêts prélevés, n'a donc rendu que 2,161 82

Cette rémunération n'est pas brillante, mais il ne faut pas perdre de vue qu'elle se rapporte à une année critique et exceptionnelle.

Les enseignements qui résultent du compte-rendu précédent sont les suivants :

1° Restreindre considérablement la culture du blé-noir;

2° Faire une large place à celle du fourrage;

3° Réduire le nombre des animaux de travail aux stricts besoins de la culture, et bien proportionner le bétail de rente aux ressources alimentaires.

Tout ce qui précède démontre aussi la nécessité d'une comptabilité exacte. Le cultivateur, comme tout industriel qui croit pouvoir se passer de ce fanal, n'opère que dans les ténèbres, et risque sans cesse de s'égarer.

Trécesson, le 15 juin 1858.

J.-C. CRUSSARD

FIN.

TABLE.